DEEPTHI D C

Doença do mosaico da mandioca

DEEPTHI D C

Doença do mosaico da mandioca

Situação atual e perspectivas

ScienciaScripts

Imprint

Cover image: www.ingimage.com

This book is a translation from the original published under ISBN 978-620-7-81042-0.

Publisher:
Sciencia Scripts
is a trademark of
Dodo Books Indian Ocean Ltd. and OmniScriptum S.R.L publishing group

120 High Road, East Finchley, London, N2 9ED, United Kingdom
Str. Armeneasca 28/1, office 1, Chisinau MD-2012, Republic of Moldova, Europe
Printed at: see last page
ISBN: 978-620-8-13587-4

ÍNDICE

Capítulo 1
Mandioca (*Manihot esculenta* Crantz) - Uma cultura de base vital

1.1 Descrição das culturas

A mandioca é um alopoliplóide anfidiplóide (2n=36 cromossomas) (El-Sharkawy, 2004), tem um emparelhamento bivalente regular e comporta-se como um diploide, crescendo em toda a região tropical de planície. A sua raiz rica em amido (também conhecida como mandioca, tapioca ou macaxeira) é consumida diariamente por mais de 500 milhões de pessoas (Best e Henry, 1992), o que a torna a principal fonte de hidratos de carbono na África subsariana (Cock, 1985) e a sexta cultura mais importante a nível mundial (Mann, 1997). A planta da mandioca atinge uma altura de 1,5-3 m e, nalgumas cultivares, pode atingir alturas de até 4 m (Alves, 2002; FSANZ, 2004).

1.2 Caraterísticas da planta:

Hábito de crescimento: A mandioca é um arbusto perene que pode crescer até 2-4 metros de altura. Tem um caule lenhoso com uma casca rugosa e acastanhada.

Folhas: As folhas são palmadas, com 3 a 9 lóbulos, tipicamente verdes, embora algumas variedades possam ter uma tonalidade avermelhada. Os pecíolos das folhas são longos, variando de 10 a 30 cm.

Flores: As flores da mandioca são pequenas, unissexuais e agrupadas em cachos. As flores masculinas e femininas encontram-se na mesma planta (monóica). As flores não são particularmente vistosas e são tipicamente amarelo-esverdeadas.

Raízes: A parte mais importante da planta da mandioca são as suas raízes tuberosas grandes e amiláceas. Estas raízes são longas, cilíndricas e cónicas, com uma pele rugosa e castanha e uma polpa branca ou amarela. Cada planta pode produzir várias raízes, cada uma pesando até 3 kg ou mais.

1.3 Cultivo

A mandioca é uma cultura resistente que pode prosperar em solos pobres e em condições difíceis em que outras culturas podem falhar. É particularmente tolerante à seca e a solos ácidos. No entanto, o crescimento ótimo ocorre em solos franco-arenosos bem drenados, com um pH de 5,5 a 7,5.

Clima: A mandioca cresce melhor em climas tropicais com temperaturas que variam entre 25°C e 30°C. Necessita de um período sem geadas e é sensível ao frio.

Plantação: A mandioca é geralmente propagada a partir de estacas de caule, que são plantadas no início da estação das chuvas. As estacas devem ter 20-30 cm de comprimento e ser plantadas a uma profundidade de 5-10 cm.

Colheita: Dependendo da variedade e das condições de cultivo, as raízes de mandioca podem ser colhidas 8 a 24 meses após a plantação. As raízes devem ser colhidas antes de se tornarem demasiado lenhosas e fibrosas.

1.4 Importância nutricional e económica

A mandioca é uma fonte significativa de calorias em muitos países em desenvolvimento. As raízes são ricas em hidratos de carbono, principalmente sob a forma de amido, mas pobres em proteínas e outros nutrientes. As folhas da mandioca, no entanto, são uma boa fonte de proteínas, vitaminas e minerais e são consumidas como vegetais de folha em muitas regiões.

Conteúdo nutricional das raízes de mandioca (por 100g):

Calorias: 160

Hidratos de carbono: 38 g

Proteína: 1,4 g

Gordura: 0,3 g

Fibra: 1,8 g

Vitaminas e minerais: Vitamina C, cálcio, fósforo e potássio

Importância económica:

A mandioca é uma cultura de rendimento vital em muitos países. É transformada em vários produtos, tais como:

Produtos alimentares: Farinha, tapioca, batatas fritas e alimentos para animais.

Utilizações industriais: Produção de amido e etanol para biocombustível.

A importância da mandioca como cultura alimentar e industrial assenta nas suas raízes, uma vez que estas acumulam amido (aproximadamente 30-60% de matéria seca), pelo que é considerada a segunda fonte de amido a nível mundial, a seguir ao milho (FAO 2013).

Fig.1.1 Mandioca (*Manihot esculenta* Crantz)

a. Cultura em pé, b-f. raiz tuberosa de diferentes variedades

1.5 Origem e distribuição

Origem

A avaliação da origem da mandioca (Olsen e Schaal, 1999) envolveu um estudo filogeográfico de *M. esculenta* e de uma espécie simpátrica potencialmente hibridizadora, *M. pruinosaPohl*, com base na variação da sequência de ADN num gene nuclear de baixa cópia (*gliceraldeído 3-fosfato desidrogenase*). Os resultados desse estudo sugerem o seguinte: A cultura derivou de populações da subespécie *flabellifolia* ao longo da fronteira sul da bacia amazónica e a variação genética em *M. esculentasubsp. flabellifoliapode, por si só,* explicar a diversidade genética da cultura, sem necessidade de invocar outras espécies progenitoras; e a espécie potencialmente hibridizadora *M. pruinosah* aparentemente não contribuiu para o germoplasma da cultura. *A* partir de um estudo molecular paralelo, sugeriu-se que *M.triphylla* está mais próxima da mandioca do que a espécie selvagem *M.esculenta* ssp. *peruviana* e *M. pilosa* é a mais distante de todas as cinco espécies testadas (Cabral et al., 2000).

Origem geográfica:

Acredita-se que a mandioca (*Manihotesculenta*) seja originária das regiões tropicais da América do Sul, particularmente do Brasil e do Paraguai actuais. As provas arqueológicas sugerem que tem sido cultivada pelos povos indígenas nestas áreas há mais de 4.000 anos.

Domesticação:

A domesticação da mandioca começou provavelmente na Bacia Amazónica, onde os primeiros habitantes criaram seletivamente variedades selvagens para obterem caraterísticas desejáveis, tais como maior rendimento, melhor sabor e menor toxicidade. Estes antigos cultivadores desenvolveram técnicas para desintoxicar as raízes e torná-las seguras para consumo.

1.6 Difusão e distribuição precoce

Era pré-colonial:

Antes do contacto europeu, a mandioca já se tinha espalhado por grande parte da América do Sul e das Caraíbas, tornando-se um alimento básico para muitos grupos indígenas. Era uma cultura essencial devido à sua adaptabilidade a diversas condições ambientais e à sua capacidade de proporcionar uma segurança alimentar fiável.

Período Colonial:

A propagação da mandioca acelerou-se durante a era colonial. Os exploradores e comerciantes portugueses e espanhóis introduziram a mandioca em África no século XVI. Rapidamente se estabeleceu como uma cultura vital na África Ocidental, onde se adaptou bem às condições locais e complementou os sistemas agrícolas tradicionais. Do mesmo modo, os portugueses introduziram a mandioca em partes do Sudeste Asiático, nomeadamente na Indonésia e nas Filipinas.

Distribuição moderna

África:

África é atualmente o maior produtor de mandioca, sendo a Nigéria o país líder na produção de mandioca. Esta cultura é cultivada em grande escala na África Ocidental, Central e Oriental, onde constitui a principal fonte de calorias para milhões de pessoas. É cultivada em pequenas explorações agrícolas e é crucial para a segurança alimentar e os meios de subsistência rurais.

Ásia:

A mandioca é amplamente cultivada no Sudeste Asiático, em especial na Tailândia, Indonésia, Vietname e Filipinas. A Tailândia é o principal exportador de produtos de mandioca, nomeadamente de fécula de tapioca. Nestas regiões, a mandioca é utilizada tanto para consumo humano como para fins industriais, incluindo a produção de amido, biocombustíveis e alimentos para animais.

América Latina:

Na sua região de origem, a mandioca continua a ser uma cultura importante. O Brasil é um grande produtor, e a mandioca é um alimento básico em muitos países, incluindo a Colômbia, a Venezuela e o Paraguai. É consumida em várias formas, incluindo farinha, tapioca e pão de mandioca.

Outras regiões:

A mandioca também foi introduzida na Índia, onde é cultivada principalmente nos estados do sul. Além disso, é cultivada em partes da Oceânia, incluindo a Papua-Nova Guiné e as Ilhas Fiji, e é cultivada na Índia há mais de um século. A mandioca foi introduzida na Índia pelos portugueses quando desembarcaram na região de Malabar, atualmente parte do estado de Kerala, durante o século XVII, vindos do Brasil. A popularização da cultura no Estado de Kerala foi atribuída ao famoso rei do Estado de Travancore, Sri VisakhamThirunal, através da introdução de variedades populares da Malásia e de outros locais. A mandioca salvou a população da antiga província de Travancore das garras da fome durante a Segunda Guerra Mundial (1939-45), quando a importação de arroz da Birmânia (Myanmar) foi suspensa, e nos períodos subsequentes de escassez de alimentos. A mandioca foi utilizada como substituto do arroz (produto de base), especialmente pelas pessoas com baixos rendimentos. Com a evolução das condições económicas e o aumento do nível de vida das pessoas, tornou-se um "acompanhamento" mesmo para as camadas mais abastadas da sociedade.

1.7 Factores que influenciam a distribuição da mandioca

Adaptabilidade:

A capacidade da mandioca para crescer em solos pobres, a sua resistência à seca e a sua necessidade relativamente baixa de mão de obra fazem dela uma cultura atractiva para diversos ambientes. Estas caraterísticas facilitaram a sua disseminação por diferentes continentes e climas.

Importância económica:
O valor económico da mandioca vai para além do seu papel como cultura alimentar. A sua versatilidade na produção de vários produtos de valor acrescentado, como o amido, os edulcorantes e o etanol, tem impulsionado o seu cultivo em regiões onde estas indústrias são economicamente significativas.

Segurança alimentar:
Em muitos países em desenvolvimento, a mandioca é uma cultura fundamental para a segurança alimentar. Constitui uma fonte fiável de hidratos de carbono, especialmente durante períodos de escassez de alimentos ou quando outras culturas falham devido a condições meteorológicas adversas.

1.8 Requisitos para a produção de mandioca

A mandioca tolera uma vasta gama de condições ambientais quando comparada com outras culturas como o arroz, a soja e o trigo. A mandioca prospera nas regiões tropicais e subtropicais do mundo, uma vez que necessita de temperaturas quentes para um crescimento ótimo. As plantas necessitam de, pelo menos, 8 meses de clima quente, prosperando em regiões com climas quentes e húmidos com precipitação regular. Cresce numa variedade de regiões geográficas, desde o nível do mar até uma altitude de 2000 m (Kawano, 1980). A mandioca tem sido cultivada em regiões que recebem menos de 600 e mais de 1500 mm de precipitação por ano (Alves, 2002). Embora seja capaz de crescer numa vasta gama de condições de precipitação, o valor ótimo é de aproximadamente 1 000 mm (Kawano, 1980). A mandioca pode ser cultivada em muitos tipos de solo, produzindo mesmo em solos pobres, mas será otimamente produtiva em solos argilo-arenosos bem drenados, com um pH entre 5,5 e 6,5. A mandioca pode suportar solos com pH até 8,0, enquanto algumas cultivares são capazes de crescer em solos ácidos. Em solos ácidos, a cultura depara-se com uma série de problemas (Howeler, 2002). Em certos solos, um pH baixo levará a altas concentrações de alumínio (Al) ou magnésio (Mg), o que, por sua vez, pode resultar em baixa disponibilidade de cálcio (Ca) e potássio (K), que são elementos importantes para o crescimento das plantas. A mandioca é resistente à seca, mas não tolera o encharcamento. A produção de raízes é maximizada quando as temperaturas estão entre 25 e 32°C (77-90°F) (El-Sharkawy, 1993). A mandioca deve ser plantada a pleno sol e é muito sensível ao sombreamento, o que leva a baixos rendimentos.

1.9 Propagação da mandioca

A mandioca é propagada a partir de estacas de caule, uma vez que os tubérculos não produzem gemas. As estacas de caule de 1 a 2 nós e com aproximadamente 20 cm de comprimento são plantadas horizontalmente, verticalmente ou inclinadas em cumes (El-Sharkawy, 2004). A mandioca também pode ser propagada através de sementes. As plantas de mandioca cultivadas a partir de sementes verdadeiras são altamente heterozigóticas (Ng e Ng, 2002) e as plantas derivadas de sementes podem ser encontradas a crescer nos campos dos agricultores. As plantas cultivadas a partir de sementes produzem um sistema radicular típico. Uma vez que a cultura é propagada principalmente por meios vegetativos através de estacas de caule, desenvolvem-se numerosas raízes adventícias, das quais algumas se transformam em tubérculos. Embora as estacas permitam um estabelecimento rápido, as doenças acumulam-se facilmente nas estacas infectadas (Nassar, 2007). Por outro lado, a possibilidade de armazenamento, a facilidade de transporte, a longa viabilidade das sementes e a relativa ausência de pragas de insectos e doenças tornam a propagação por sementes uma opção. Contudo, a principal limitação é a natureza heterogénea e a variação das plântulas (Nair e Unnikrishnan, 2007).

Capítulo 2
Doenças da mandioca

Uma das principais limitações à produção de mandioca é representada por doenças e pragas. A mandioca (*Manihot esculenta* Crantz) é uma cultura vital nas regiões tropicais e subtropicais, conhecida pela sua capacidade de crescer em solos pobres e de resistir a condições de seca. No entanto, a mandioca é suscetível a uma variedade de doenças causadas por fungos, bactérias, vírus e nemátodos, que podem reduzir significativamente o rendimento e a qualidade. Este capítulo apresenta uma visão geral das principais doenças que afectam a mandioca, os seus sintomas, agentes causais, epidemiologia e estratégias de gestão.

2.1 Doenças fúngicas

2.1.1 Doença da antracnose da mandioca (DAC)

A doença da antracnose da mandioca (DAC) é uma doença fúngica importante que afecta as culturas de mandioca. É causada pelo fungo *Colletotrichum gloeosporioides*. A doença pode levar a perdas de rendimento graves e pode ser particularmente prejudicial em ambientes tropicais húmidos, onde a mandioca é predominantemente cultivada. A DAC manifesta-se em várias partes da planta de mandioca, com muitos sintomas em várias partes da planta. Pequenas manchas castanhas escuras a pretas que podem aumentar e coalescer, dando origem a grandes áreas necróticas nas folhas. As infecções graves provocam a queda das folhas. Os caules têm lesões que começam como pequenas manchas encharcadas de água que se expandem em cancros alongados e afundados. Estes cancros podem cingir o caule, provocando a sua morte e quebra. Os novos rebentos e os pontos de crescimento podem ficar infectados, provocando a morte e um crescimento atrofiado.

A DAC é favorecida por diferentes condições ambientais. O fungo desenvolve-se em ambientes húmidos e quentes, o que faz com que a DAC seja predominante nas regiões tropicais e subtropicais. As plantas infectadas podem ser infectadas por fungos, que podem disseminar esporos de fungos, espalhando a doença de plantas infectadas para plantas saudáveis. As ferramentas e o equipamento de poda podem transferir esporos se não forem devidamente higienizados. O fungo pode sobreviver em restos de plantas infectadas, servindo como fonte de inóculo para novas infecções.

O ciclo de vida do *Colletotrichum gloeosporioides* envolve várias fases:

Germinação de esporos: Os esporos de fungos (conídios) germinam na superfície da planta quando as condições são favoráveis, normalmente quando a superfície da folha ou do caule está húmida.

Penetração: O fungo penetra no tecido vegetal diretamente ou através de aberturas naturais como os estomas.

Colonização: Uma vez no interior, o fungo coloniza o tecido vegetal, causando danos celulares e necrose.

Reprodução: O fungo produz novos esporos na superfície dos tecidos infectados, que são depois dispersos para iniciar novas infecções.

Estratégias de gestão

A gestão das DAC exige uma abordagem integrada que combine métodos culturais, químicos e biológicos:

Variedades resistentes: A utilização de variedades de mandioca resistentes ou tolerantes à DAC é uma das estratégias de gestão mais eficazes.

Práticas culturais: Implementar a rotação de culturas e a consociação de culturas para reduzir a acumulação de inóculo. Evitar plantar mandioca em zonas com historial de surtos de DAC.

Saneamento: Remover e destruir os resíduos vegetais infectados para reduzir a fonte de inóculo. Limpar as ferramentas e o equipamento para evitar a propagação de esporos.

Aplicações de fungicidas: Aplicar fungicidas como medida preventiva, especialmente em áreas onde se sabe da ocorrência de DAC. Fungicidas como os compostos à base de cobre podem ser eficazes.

Gestão ambiental: Melhorar a circulação do ar dentro da copa das culturas através de um espaçamento adequado e da poda para reduzir os níveis de humidade à volta das plantas.

2.1.2 Mancha castanha da mandioca

A mancha castanha da folha da mandioca é uma doença fúngica importante que afecta as plantas de mandioca, causada pelo fungo *Cercospora vicosae*. Esta doença está amplamente distribuída nas regiões produtoras de mandioca e pode levar a perdas substanciais de rendimento se não for corretamente gerida.

Sintomas

A doença afecta principalmente as folhas das plantas de mandioca, com os seguintes sintomas

Lesões foliares: Aparecem pequenas lesões castanhas, angulares, nas folhas. Estas manchas são frequentemente rodeadas por uma auréola amarela e podem fundir-se para formar áreas necróticas maiores.

Queda prematura das folhas: As folhas gravemente infectadas podem cair prematuramente, levando à desfoliação e à redução da capacidade fotossintética.

Saúde geral das plantas: As plantas afectadas podem apresentar um crescimento atrofiado e um vigor reduzido devido à perda de folhagem saudável.

Epidemiologia

A mancha castanha da mandioca é influenciada por vários factores epidemiológicos:

Humidade e temperatura: A doença desenvolve-se em condições húmidas e quentes, que são comuns em muitas regiões de cultivo de mandioca.

Dispersão de esporos: Os esporos do fungo são dispersos pelo vento e pelos salpicos da chuva, facilitando a propagação da doença dentro e entre campos.

Material vegetal infetado: O fungo pode sobreviver em restos de plantas infectadas e na superfície do solo, servindo como fonte de inóculo para novas infecções.

Ciclo de vida

O ciclo de vida de *Cercospora vicosae* inclui as seguintes fases:

Produção de esporos: O fungo produz conídios (esporos assexuados) na superfície das folhas infectadas.

Dispersão: Os conídios são dispersos pelo vento e pela chuva para novas plantas hospedeiras.

Germinação e penetração: Num novo hospedeiro, os esporos germinam na presença de humidade e penetram no tecido foliar através de aberturas naturais ou por penetração direta.

Colonização e desenvolvimento de sintomas: O fungo coloniza o tecido foliar, causando o desenvolvimento de lesões necróticas. Novos esporos são produzidos nas lesões, dando continuidade ao ciclo da doença.

Estratégias de gestão

A gestão da mancha castanha da mandioca exige uma abordagem integrada que envolva várias estratégias:

Variedades resistentes: A plantação de variedades de mandioca resistentes ou tolerantes à mancha castanha da folha é uma das estratégias de gestão mais eficazes.

Práticas culturais: Assegurar um espaçamento adequado entre as plantas para melhorar a circulação do ar e reduzir os níveis de humidade na copa das culturas. Implementar a rotação de culturas e evitar a plantação contínua de mandioca no mesmo campo.

Saneamento: Remover e destruir os restos de plantas infectadas para reduzir a fonte de inóculo. Inspecionar regularmente os campos e remover as plantas gravemente infectadas.
Aplicações de fungicidas: Utilizar fungicidas como medida preventiva, especialmente durante períodos de elevada humidade e quando os sintomas são observados pela primeira vez. Fungicidas como os compostos à base de cobre e os que contêm mancozeb podem ser eficazes.
Monitorização e deteção precoce: Inspecções regulares no terreno para detetar sinais precoces da doença e aplicar prontamente medidas de controlo.

2.2 Doenças bacterianas

2.2.1 Cancro bacteriano da mandioca (CBB)

O míldio bacteriano da mandioca (CBB) é uma doença devastadora da mandioca causada pela bactéria *Xanthomonas axonopodis* pv. manihotis. Esta doença representa uma ameaça significativa para a produção de mandioca, conduzindo a perdas substanciais de rendimento e comprometendo a segurança alimentar das comunidades que dependem desta cultura de base.

Sintomas

A BC afecta várias partes da planta de mandioca, apresentando os seguintes sintomas
Folhas: Lesões encharcadas de água que começam nos bordos e se deslocam para o interior. Estas lesões tornam-se castanhas e necróticas, muitas vezes com uma auréola amarela.
Caules: Os caules infectados apresentam estrias escuras e cancros que podem cingir o caule, provocando a sua quebra ou colapso.
Sistema vascular: O acastanhamento do tecido vascular é um sintoma interno comum, que leva à murchidão e à morte dos rebentos.
Exsudados: Em condições de humidade elevada, as partes infectadas podem exsudar um exsudado bacteriano amarelado.

Epidemiologia

Vários factores influenciam a epidemiologia da BC:
Condições ambientais: A doença desenvolve-se em climas quentes e húmidos, com humidade elevada e chuvas frequentes que promovem a propagação da bactéria.
Mecanismos de propagação: A bactéria propaga-se através de salpicos de chuva, vento, ferramentas contaminadas e materiais de plantação infectados. Os insectos e a atividade humana podem também facilitar a disseminação.

Detritos infectados: O agente patogénico pode sobreviver em detritos de plantas e no solo, actuando como um reservatório para novas infecções.

Ciclo de vida

O ciclo de vida de *Xanthomonas axonopodis* pv. manihotis envolve várias fases:

Infeção: A bactéria entra na planta através de aberturas naturais (estomas, hidátodos) ou feridas causadas por danos mecânicos, insectos ou condições meteorológicas.

Colonização: A bactéria multiplica-se e coloniza os espaços intercelulares, levando ao desenvolvimento de sintomas.

Movimento sistémico: Espalha-se através do sistema vascular da planta, causando sintomas sistémicos como a murchidão e a morte.

Exsudação e disseminação: As bactérias exsudam dos tecidos infectados em condições de humidade, facilitando a disseminação para outras plantas.

Estratégias de gestão

A gestão eficaz da BC exige uma abordagem integrada:

Variedades resistentes: A plantação de variedades de mandioca resistentes ou tolerantes à BC é uma das medidas de controlo mais eficazes.

Saneamento: Remover e destruir os resíduos vegetais infectados para reduzir a fonte de inóculo. Limpar regularmente as ferramentas e o equipamento para evitar a propagação da bactéria.

Práticas culturais: Implementar a rotação de culturas e evitar a plantação de mandioca em campos com um historial de BC. Utilizar um maior espaçamento entre plantas para melhorar a circulação do ar e reduzir a humidade à volta das plantas.

Material de plantação: Utilizar materiais de plantação isentos de doenças provenientes de fornecedores certificados. Inspecionar as estacas para detetar sinais de infeção antes da plantação.

Controlo químico: A utilização de bactericidas pode ser limitada, mas pode ser aplicada como medida preventiva em zonas de alto risco. Os compostos à base de cobre têm alguma eficácia.

Monitorização e deteção precoce: Inspecionar regularmente os campos para detetar os primeiros sinais da doença. Remover e destruir imediatamente as plantas infectadas para evitar a sua propagação.

2.3. Doenças causadas por nemátodos

2.3.1 Nemátodos do nó da raiz

Os nemátodos dos nós das raízes (NGR) são uma praga importante que afecta a mandioca, causada por nemátodos do género Meloidogyne. Estes vermes redondos microscópicos infectam as raízes da planta de mandioca, levando à formação de galhas ou nós caraterísticos, que podem prejudicar gravemente a saúde e o rendimento da planta.

Sintomas

Os principais sintomas da infeção por RKN na mandioca incluem:

Galhas da raiz: Inchaços ou nós nas raízes, que podem variar em tamanho e número, dependendo da gravidade da infestação.

Crescimento atrofiado: As plantas infectadas apresentam frequentemente um crescimento reduzido devido a uma função radicular deficiente, o que leva a uma fraca absorção de nutrientes e água.

Amarelecimento das folhas: As folhas podem ficar amarelas e murchar, particularmente durante períodos de stress hídrico, devido ao comprometimento do sistema radicular.

Redução da formação de tubérculos: O desenvolvimento dos tubérculos de mandioca é afetado negativamente, resultando em tubérculos mais pequenos e em menor número.

Epidemiologia

A infestação de RKN é influenciada por vários factores:

Condições do solo: Os solos arenosos com boa drenagem são mais propensos a infestações de nemátodos. A humidade e a temperatura também desempenham um papel na atividade e reprodução dos nemátodos.

Mecanismos de propagação: Os nemátodos são disseminados através do movimento do solo, ferramentas contaminadas, água de irrigação e materiais de plantação infectados. Podem também deslocar-se a curtas distâncias dentro do solo para encontrar novas raízes para infetar.

Sobrevivência: Os nemátodos podem sobreviver no solo durante longos períodos como ovos ou num estado dormente, à espera de plantas hospedeiras adequadas para retomar a atividade.

Ciclo de vida

O ciclo de vida de *Meloidogyne* spp. inclui as seguintes fases:

Fase de ovo: Os ovos são depositados numa matriz gelatinosa na superfície da raiz ou dentro dos tecidos da raiz.

Fase juvenil: Os juvenis da segunda fase (J2) eclodem dos ovos e constituem a fase infecciosa. Eles migram pelo solo para encontrar e penetrar nas raízes do hospedeiro.

Penetração na raiz: Os nemátodos J2 penetram na ponta da raiz e migram para os tecidos vasculares, onde estabelecem sítios de alimentação chamados células gigantes.

Formação de galhas: A atividade alimentar dos nemátodos induz a formação de galhas nas raízes, perturbando a função normal das raízes.

Fase adulta: Os nemátodos tornam-se adultos dentro das galhas e as fêmeas produzem ovos, continuando o ciclo.

Estratégias de gestão

A gestão dos nemátodos dos nós das raízes requer uma abordagem integrada:

Variedades resistentes: A plantação de variedades de mandioca resistentes aos nemátodos é uma das estratégias de gestão mais eficazes.

Práticas culturais: A rotação de culturas com plantas não hospedeiras (por exemplo, cereais ou leguminosas) pode reduzir as populações de nemátodos no solo. Evitar plantar mandioca em campos infestados.

Gestão do solo: A solarização do solo, em que o solo é coberto com plástico transparente para reter a energia solar, pode reduzir as populações de nemátodos ao aumentar as temperaturas do solo para níveis letais.

Correcções orgânicas: A adição de matéria orgânica, como composto ou estrume, pode melhorar a saúde do solo e aumentar a atividade dos antagonistas naturais dos nemátodos.

Controlo químico: Os nematicidas podem ser utilizados como último recurso, particularmente em infestações graves. Estes devem ser aplicados de acordo com os regulamentos locais e tendo em conta o impacto ambiental.

Controlo biológico: A utilização de predadores naturais ou antagonistas de nemátodos, tais como certos fungos e bactérias, pode ajudar a gerir as populações de nemátodos

2.4. Doenças virais

2.4.1 Doença da estria castanha da mandioca (Cassava Brown Streak Disease - CBSD)

A doença da estria castanha da mandioca (Cassava Brown Streak Disease - CBSD) é uma doença viral importante que afecta as culturas de mandioca, causada principalmente pelo vírus da estria castanha da mandioca (Cassava brown streak virus - CBSV). A CBSD é altamente destrutiva e representa uma ameaça significativa para a produção de mandioca em muitas partes de África. A doença pode levar a graves perdas de rendimento e afetar tanto a qualidade como a quantidade de tubérculos de mandioca.

Sintomas

Os sintomas da CBSD variam consoante a parte da planta afetada:

Folhas: Manchas ou estrias cloróticas aparecem nas folhas inferiores, frequentemente ao longo das nervuras secundárias. Estes sintomas podem evoluir para clorose e necrose foliar mais graves.

Caules: Podem desenvolver-se estrias ou lesões castanhas escuras nos caules, provocando fissuras e rachas. Os caules gravemente infectados podem apresentar morte.

Raízes/Tubérculos: Lesões necróticas castanhas e cortiça desenvolvem-se na polpa do tubérculo, podendo estender-se à superfície. Estas áreas necróticas reduzem significativamente a comercialização e a comestibilidade dos tubérculos.

Epidemiologia

Vários factores influenciam a epidemiologia da CBSD:

Transmissão: Os vírus são transmitidos principalmente por moscas brancas (Bemisia tabaci). Os materiais de plantação infectados também desempenham um papel significativo na propagação da CBSD.

Condições ambientais: A doença é mais prevalente nas zonas costeiras e de planície, onde as condições ambientais favorecem o vetor da mosca branca.

Sobrevivência e propagação: Os CBSVs podem sobreviver em plantas de mandioca infectadas e propagar-se através de estacas, que são normalmente utilizadas para plantar novas culturas.

Ciclo de vida

O ciclo de vida dos CBSVs envolve várias fases:

Infeção: As moscas brancas adquirem o vírus quando se alimentam de plantas infectadas. O vírus replica-se então no interior da mosca branca e é transmitido às plantas saudáveis durante as alimentações subsequentes.

Replicação e movimento: Uma vez dentro da planta de mandioca, o vírus replica-se e move-se através do floema, causando uma infeção sistémica.

Desenvolvimento de sintomas: O vírus induz sintomas nas folhas, caules e raízes, prejudicando a saúde das plantas e a qualidade dos tubérculos.

Propagação: As plantas infectadas utilizadas como material de plantação perpetuam o ciclo de infeção em novas culturas.

Estratégias de gestão

A gestão eficaz da CBSD exige uma abordagem integrada:

Variedades resistentes: O desenvolvimento e a plantação de variedades de mandioca resistentes ou tolerantes à CBSD são cruciais para a gestão da doença.

Utilização de material de plantação limpo: A garantia de que os materiais de plantação estão isentos de vírus pode reduzir significativamente o inóculo inicial nas novas culturas. Utilizar estacas certificadas, isentas de doenças e provenientes de fontes fiáveis.

Controlo da mosca branca: A implementação de estratégias de controlo das populações de mosca branca pode ajudar a reduzir a transmissão do vírus. Isto inclui a utilização de insecticidas, o emprego de agentes de controlo biológico e a prática de uma boa higiene no campo para eliminar os locais de reprodução da mosca branca.

Práticas culturais: Aplicar a rotação de culturas e evitar a plantação de mandioca em zonas com um historial de CBSD. A remoção e destruição de plantas infectadas pode ajudar a reduzir a propagação do vírus.

Monitorização e deteção precoce: As inspecções regulares no terreno para detetar sinais precoces de CBSD podem facilitar acções de gestão rápidas para conter a doença.

2.4.2 Doença do mosaico da mandioca

A doença do mosaico da mandioca (CMD) é uma doença viral significativa que afecta as culturas de mandioca, causada por várias espécies de geminivírus do mosaico da mandioca (CMGs), transmitida principalmente pela mosca branca (*Bemisia tabaci*). A CMD está disseminada em África e em partes da Índia, conduzindo a perdas substanciais de rendimento e afectando os meios de subsistência dos agricultores que dependem da mandioca como cultura de base.

Sintomas

Os sintomas de TMC variam, mas normalmente incluem

Folhas: Padrões de mosaico com áreas intercaladas de tecido normal e clorótico (amarelo), distorção da folha e tamanho reduzido da folha. Estes sintomas são mais proeminentes nas folhas jovens.

Atrofiamento das plantas: As plantas infectadas apresentam frequentemente um crescimento atrofiado devido à redução da capacidade fotossintética.

Desenvolvimento da raiz: A CMD afecta gravemente o desenvolvimento das raízes, conduzindo a um menor número de tubérculos e a tubérculos mais pequenos, reduzindo tanto o rendimento como a qualidade.

Epidemiologia

A epidemiologia da DMC envolve vários factores-chave:

Transmissão: O principal vetor é a mosca branca (*Bemisia tabaci*). Os materiais de plantação infectados também contribuem para a propagação da CMD.

Condições ambientais: A prevalência da CMD é mais elevada em zonas com populações elevadas de mosca branca, frequentemente influenciadas por condições climáticas que favorecem a reprodução e a sobrevivência da mosca branca.

Sobrevivência do vírus: Os CMGs podem persistir nos tecidos vegetais infectados e propagar-se através de estacas vegetativas, o método comum de propagação da mandioca.

Ciclo de vida

O ciclo de vida das CMGs inclui várias fases:

Aquisição: As moscas brancas adquirem o vírus alimentando-se de plantas infectadas.

Replicação do vírus: No interior da mosca branca, o vírus replica-se e fica pronto para ser transmitido a plantas saudáveis durante as alimentações subsequentes.

Infeção da planta: O vírus entra na planta e move-se sistematicamente através do floema, estabelecendo a infeção.

Desenvolvimento de sintomas: As CMGs interferem com o metabolismo normal das plantas, conduzindo a sintomas caraterísticos da CMD, como o mosaico foliar e o atrofiamento.

Propagação: As plantas infectadas utilizadas como material de plantação asseguram a persistência do vírus no ciclo de plantação seguinte.

Estratégias de gestão

Uma gestão eficaz da CMD exige uma abordagem integrada:

Variedades resistentes: A plantação de variedades de mandioca resistentes à CMD é a estratégia mais eficaz. Os programas de melhoramento desenvolveram variedades com uma resistência significativa às CMGs.

Material de plantação limpo: Utilizar materiais de plantação isentos de vírus obtidos de fontes certificadas para minimizar a infeção inicial.

Controlo da mosca branca: Controlar as populações de mosca branca através da utilização de insecticidas, agentes de controlo biológico e práticas culturais que reduzam os locais de reprodução da mosca branca.

Práticas culturais: Implementar práticas como a rotação de culturas e a consociação de culturas para reduzir a pressão da mosca branca e quebrar o ciclo de transmissão do vírus. Desvio: Inspecionar regularmente as parcelas e remover as plantas infectadas (não autorizadas) para reduzir a propagação do vírus na parcela.

Monitorização e deteção precoce: Realizar inquéritos de campo regulares para detetar sinais precoces de CMD, facilitando a intervenção atempada para gerir a doença

Há várias doenças que afectam a mandioca, especialmente a doença bacteriana vascular causada por Xanthomonascampestrispvmanihotis, *(Onyeka et al., 2008; Wydra et al., 2004)* e a antracnose causada por *Colletotrichumgloesporoidesf.*sp. manihotisHenn. (Onyekaet *al.*, 2008; Owoladeet *al.*, 2005). Problemas graves de pragas são a cochonilha da mandioca *Phenacoccusmanihoti*, (Bellotti *et al.*, 1999; Steiner, 1991) e o ácaro verde *MononychellustanajoaBondar* (Gutierrez, 1987; Rajiet *al.*, 2008; *Skovgardet al.*, 1993). bactérias, fungos, fitoplasmas (organismos semelhantes a micoplasmas) e insectos que hospedam vírus nocivos que causam duas das doenças mais devastadoras da mandioca: a doença do mosaico da mandioca (CMD) e a doença da estria castanha da mandioca (CBSD) (Legg et al. 2014). Entre estas, a doença do mosaico da mandioca é a doença mais importante na Índia. Está amplamente distribuída onde quer que a mandioca seja cultivada. A doença é causada por begomovírus transmitido por mosca branca (família Geminiviridae).

Os vírus que infectam a mandioca e as suas afiliações taxonómicas estão resumidos no quadro 2.1

Tabela 2.1: Vírus que infectam a mandioca

África

Vírus do mosaico da mandioca africana (Geminiviridae: Begomovirus)
Vírus do mosaico da mandioca da África Oriental (Geminiviridae: Begomovirus)
Mosaico da mandioca da África Oriental Vírus dos Camarões (Geminiviridae: Begomovirus)
Vírus do mosaico da mandioca da África Oriental do Quénia (Geminiviridae: Begomovirus)
Vírus do mosaico da mandioca da África Oriental do Malawi (Geminiviridae: Begomovirus)
Vírus do mosaico da mandioca de Zanzibar da África Oriental (Geminiviridae: Begomovirus)

Vírus do mosaico da mandioca da África do Sul (Geminiviridae: Begomovirus)
Cassava brown streak virus (Potyviridae: Ipomovirus)
Ugandan Cassava brown streak virus (Potyviridae: Ipomovirus)
Cassava Vírus da forma bacilar da Costa do Marfim (Não atribuído)

Vírus da mandioca kummi
Vírus Q da mandioca

América do Sul/Central

Vírus do mosaico comum da mandioca (Potexvirus)
Vírus X da mandioca (Potexvirus)
Cassava vein mosaic virus (Caulimoviridae)
Cassava colombian symptomless virus (Potexvirus)
Vírus latente americano da mandioca (Comoviridae: Nepovirus)
Vírus da pele de sapo da mandioca

Ásia/Pacífico

Vírus do mosaico comum da mandioca (Potexvirus)
Vírus do mosaico da mandioca indiana (Geminiviridae: Begomovirus)
Vírus do mosaico da mandioca do Sri Lanka (Geminiviridae: Begomovirus)

CAPÍTULO 3
Doença do mosaico da mandioca

A doença do mosaico da mandioca é a doença viral mais importante da mandioca na Índia. A doença do mosaico da mandioca é conhecida desde 1894 pelo seu primeiro surto em parte da África Oriental, atualmente conhecida como Tanzânia (Warburg, 1894). Mais tarde, foi reconhecida na África Ocidental e, atualmente, está presente em toda a África Subsariana, onde quer que a mandioca seja cultivada, e no continente indiano

Os sintomas típicos da CMD incluem mosaico clorótico amarelo ou verde-amarelo irregular nas folhas, enrolamento e distorção das folhas e crescimento atrofiado da planta. Os sintomas são geralmente mais graves nas partes mais jovens da planta e mais pronunciados nas folhas recém-expandidas. A variedade da planta, a espécie e a estirpe do vírus, o genótipo da mandioca, a idade da planta aquando da infeção e as infecções múltiplas, juntamente com factores ambientais, afectam o desenvolvimento dos sintomas (Legg & Thresh, 2000). Em cultivares de mandioca altamente susceptíveis, o crescimento da planta pode ser atrofiado, resultando numa fraca produção de raízes e em estacas de caule de baixa qualidade. As plantas infectadas podem manifestar uma série de sintomas e os sintomas exactos dependem da espécie de vírus e da estirpe, bem como das condições ambientais e da sensibilidade do hospedeiro da mandioca. A gravidade dos sintomas pode ser afetada pela variedade da cultura de mandioca, pela fase da infeção e por factores ambientais, por exemplo, a temperatura. Os efeitos aparentemente diferentes de diferentes estirpes na sintomatologia foram registados por Storey (1936) e Storey e Nichols (1938).

3.1 Geminiviridae

Os geminivírus são considerados como uma das pragas mais destrutivas para as culturas hortícolas, de campo e de fibras que são economicamente significativas ou constituem alimentos básicos (Moffat, 1999). A primeira descrição de uma planta infetada com geminivírus *(Eupatorium makinoz)* foi encontrada num poema escrito pela imperatriz japonesa Koken (752 d.C.), que descreve o belo padrão de mosaico das folhas de plantas Abutilon infectadas com geminivírus.

Os geminivírus têm suscitado especial interesse devido ao seu impacto em culturas como a beterraba sacarina, o feijão, a mandioca, o algodão, as cucurbitáceas, o milho, o pimento, o tomate, os cereais, a soja e o tomate. A doença do mosaico da mandioca é causada por infecções simples ou duplas de begomovírus (Geminiviridae) transmitidos por moscas brancas, pertencentes a diferentes espécies de geminivírus. Os geminivírus pertencem a uma família de vírus de plantas que surgiram como sérias ameaças à produção agrícola em todo o mundo. Em comparação com os vírus de ARN das plantas, como os potyvírus ou os tobamovírus, os vírus da família *Geminiviridae* só recentemente foram descobertos. Conhecidos desde há muito como agentes causadores de doenças, a natureza dos vírus permaneceu por resolver até ao final da década de 1970. Os principais caracteres para distinguir quatro géneros da família *Geminiviridae* são a organização do genoma e as propriedades biológicas. Os mastrevírus e os curtovírus são transmitidos por cigarrinhas e os topocuvirus por cigarrinhas das árvores. Os Geminivírus são transmitidos por insectos e infectam plantas monocotiledóneas e dicotiledóneas (Alves-Junior *et al.*, 2009). Os viriões purificados apresentam-se como um par, razão pela qual foi cunhado o nome "geminivírus" (latim geminus = gémeo) e contêm um ssDNA circular embalado numa partícula geminada. Os seus genomas de ADN circular de cadeia simples estão encapsulados em partículas icosaédricas gémeas de aproximadamente 20 x 30 nm (Fauquetet *al.*, 2008).

Os geminivírus têm um genoma circular ou um genoma bipartido com dois ADN circulares de cadeia simples, o componente ADN-A e o componente ADN-B, com cerca de 2,6 a 2,8 Kb cada. O ADN-A codifica a proteína associada à replicação (AC1 ou Rep), a proteína activadora da transcrição (AC2 ou TrAP), a proteína potenciadora da replicação (AC3 ou REn) e a proteína de revestimento (AV1 ou CP). O ADN-B codifica a proteína de transporte nuclear (BV1 ou NSP) e a proteína de movimento (BC1 ou MP) envolvidas no movimento sistémico e célula-a-célula do vírus. As sequências nucleotídicas do ADN-A e do ADN-B são diferentes, com exceção de uma região de aproximadamente 200 nts que partilha >90% de identidade da sequência nucleotídica, definida como a região comum. A região comum contém sequências reguladoras essenciais para a replicação e transcrição do ADN viral (Timmermans et al., 1994). De entre todos os produtos genéticos, o Rep é indispensável para a replicação do ADN viral. As interações vírus-hospedeiro são altamente específicas, no sentido em que cada vírus provoca um tipo diferente de sintomas no mesmo hospedeiro.

As regiões de codificação nos genomas dos vírus estão orientadas em ambas as vertentes, sensorial e complementar. As estruturas de leitura aberta estão orientadas bidireccionalmente com uma região intergénica (IR, região comum CR, grande região intergénica LIR) que contém promotores para os genes em ambas as direcções (Shivaprasadet *al.,* 2005). A RC contém motivos necessários para o controlo da replicação e da transcrição, juntamente com uma estrutura putativa em forma de laço que contém o não-anucleótido altamente conservado TAATATTAC, que está implicado na iniciação da replicação em círculo rolante (Hanley-Bowdoin *et al.*, 1999). O CR é o local de iniciação e terminação da replicação através da proteína Rep (Arguello-Astorgaet *al.*, 1994). Os sinais de terminação das ORFs em ambas as direcções estão localizados em frente ao IR e são também partilhados entre todas as ORFs. Os genes responsáveis pela regulação da replicação e da transcrição estão combinados no lado esquerdo e os genes responsáveis pelo empacotamento estão no lado direito em relação à origem do genoma viral.

As doenças causadas por geminivírus podem resultar em perdas de rendimento que vão de 12% a 95%. Os vírus estão presentes em ervas daninhas (por exemplo, *Ageratum conyzoides*) e em plantas ornamentais (por exemplo, madressilva, *Lonicera japonica* var. *aureoreticulata*), pelo que são omnipresentes nas regiões subtropicais e tropicais. Culturas importantes a nível mundial, como o tomate, o algodão e a mandioca, mas também o tabaco e a papaia, estão seriamente ameaçadas. As doenças e os vírus inicialmente endémicos nas regiões tropicais em desenvolvimento estão agora disseminados em zonas de clima moderado (Sanzet *al.*, 2000). O número de espécies de vírus atribuídas a esta família está a aumentar constantemente, uma vez que são continuamente descobertos novos vírus. Atualmente, o género Begomovirus inclui mais de 200 espécies.

3.2 Begomovírus

Durante as últimas três décadas, os insectos da mosca branca pertencentes ao género *Bemisia (Homoptera: Aleyrodidae)*, tornaram-se uma das principais pragas nos sistemas agrícolas mundiais. Este facto acabou por proliferar os problemas causados pelos begomovírus que são eficientemente transmitidos por *Bemisia tabaci* (Varma &Malathi, 2003). Os vírus do género *Begomovirus* são responsáveis por graves perdas de culturas em regiões tropicais e subtropicais, onde causam problemas graves em culturas alimentares como o milho (vírus da estria do milho) ou a mandioca (vírus do mosaico da mandioca) e na América do Sul, onde a produção de tomate está seriamente ameaçada por vírus de um complexo de vírus do enrolamento amarelo da folha do tomateiro (Morales & Jones, 2004). Os begomovírus têm uma separação geográfica distinta nas suas ocorrências, que também é inerente aos seus genomas. Os vírus do Velho Mundo estão presentes na Europa, África e Ásia. A maioria dos membros deste género é bipartida, embora alguns membros, como o tomato yellow leaf curl virus (TYLCV), sejam monopartidos. A organização e as funções dos genes geminivirais são altamente conservadas.

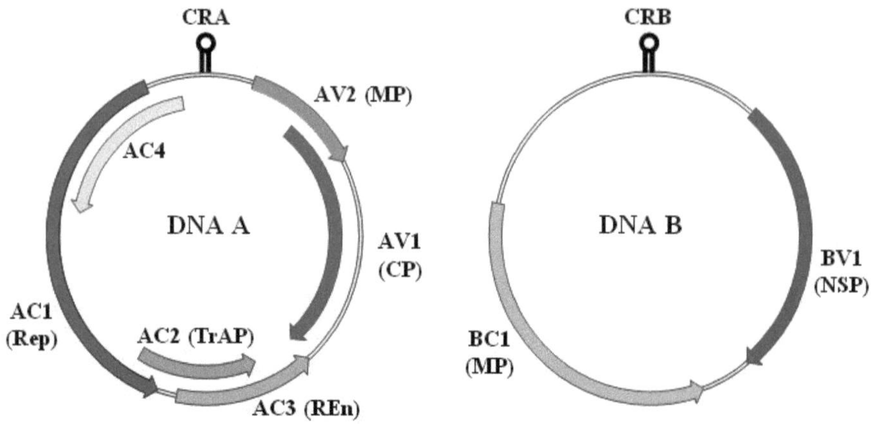

3.3 Expressão do genoma

3.3.1 Proteína do revestimento/ AV1:

A proteína da capa é codificada pela AV1 nos begomovírus. A proteína do revestimento forma a estrutura geminada do virião que encapsula o genoma viral. É um dos principais factores determinantes na transmissão viral no interior das plantas e entre vários hospedeiros vegetais. O movimento sistémico dos vírus depende completamente da proteína da capa no caso dos begomovírus monopartidos, sendo dispensável para o movimento sistémico dos vírus bipartidos.

3.3.2 Proteína de pré-revestimento/ AV2:

A função da proteína da pré-capa foi estabelecida por estudos de micro-injeção. É o determinante da patogenecidade que actua através da regulação dos níveis de ADN viral de cadeia dupla e de cadeia simples. Os estudos de fusão GFP também sugeriram que a proteína da pré-capa tem um papel importante no movimento de célula para célula.

3.3.3 Proteína iniciadora da replicação (Rep)/ AC1:

A proteína de iniciação da replicação é, de longe, a proteína mais importante. A Rep é codificada por todos os geminivírus e é designada de várias formas como C 1:C2 nos mastrevírus; C1 nos curtovírus, begomovírus monopartidos e AC1 nos begomovírus bipartidos. A Rep é uma proteína multifuncional de ~40 kDa, altamente conservada, essencial para a replicação do genoma geminiviral. A Rep confere o reconhecimento específico do vírus da sua origem de replicação cognata e actua como uma endonuclease, fazendo o nicking na *origem* viral para iniciar a replicação e ligando-se para terminar a replicação em círculo rolante. A proteína Rep tem também uma atividade de topoisomerase dependente de ATP e uma atividade de helicase. A Rep é conhecida por possuir funções modulares. A parte N-terminal da Rep contém, em grande parte, domínios de ligação ao ADN, de ligação de nicking e de oligomerização, enquanto a metade C-terminal contém motivos Walker A e Walker B que contribuem para os seus domínios de ligação ao ATP e de atividade ATPase. A atividade de helicase dependente de ATP da Rep está localizada no seu terminal C. A Rep regula a sua própria expressão a nível transcricional e também é conhecida por induzir a maquinaria de replicação do hospedeiro, presumivelmente para permitir que o vírus se replique em células diferenciadas (Egelkroutet *al.*, 2001; Kittelmannet *al.*, 2009; Nagar *et al.*, 1995). O Rep modula o ciclo de chamada do hospedeiro através da interação com várias proteínas do hospedeiro, como o homólogo de planta semelhante ao retinoblastoma (pRBR), PCNA, GRIK, GRAB, etc. Foi demonstrado que estas interações têm uma forte implicação na replicação dos geminivírus.

3.3.4 Proteína activadora da transcrição (TrAP)/ AC2/C2:

Estudos sobre o papel das proteínas virais na expressão dos genes virais estabeleceram que o AC2 funciona como um ativador transcricional dos genes virionsense: proteína do revestimento e BV1 (Haley *et al.*, 1992). Estudos recentes demonstraram que o domínio de ativação transcricional ácido do terminal C' do AC2 se liga ao elemento CLE específico do floema e transactiva genes virais e do hospedeiro (Ruiz-Medrano etal., 1999) através do seu motivo de dedo de zinco do terminal N' (Hartitz et al., 1999). AC2 é também capaz de suprimir a via de silenciamento do ARN do hospedeiro (Voinnet et al., 1999), que é activada após a entrada do vírus na célula hospedeira. O AC2 suprime a PTGS através da interação e inativação de cinases como a ADK e a SNF1 cinase (Wang *et al.*, 2005). Pensa-se que a supressão de PTGS é provocada por um processo complexo que envolve a ativação de genes do hospedeiro que desempenham um papel na rede endógena que controla o silenciamento (Trinks et al., 2005).

3.3.5 Proteína potenciadora da replicação (REn)/AC3/C3:

A AC3 é uma proteína de ~16 kDa que se localiza no núcleo das células vegetais infectadas a níveis semelhantes aos da proteína Rep (Nagar *et al.*, 1995). Estudos de replicação transiente mostraram que a proteína AC3 não funcional é necessária para uma maior acumulação de ADN viral (*Etessamiet al.*, 1991). Estudos de mutação com vírus que exprimem a proteína AC3 mutante revelaram sintomas retardados e muito atenuados, o que resulta numa menor infecciosidade (Elmer *et al.*, 1988). Também foi demonstrado que a mutação na AC3 reduz a replicação do vírus em ensaios de protoplastos, mas não a abole completamente. Isto indica o papel acessório de AC3 na replicação, que é mal compreendido atualmente.

3.3.6 AC4/C4:

Os geminivírus (exceto os mastrevírus) codificam uma pequena proteína AC4 que se sobrepõe completamente ao transcrito AC 1. A AC4 desempenha diversas funções que variam de vírus para vírus. A AC4 desempenha um papel importante na formação de sintomas da infeção por TLCV (Seith et al., 2004). Vários estudos sobre o ACMVestabeleceram que o AC4 suprime o PTGS celular do hospedeiro (Vanitharani et al.,2004) provavelmente pela sua capacidade de se ligar a miRNA (Chellappan et al., 2005). O C4 do TYLCV tem impacto no movimento do vírus na planta infetada (Rojas *et al.*, 2001). Estudos recentes sobre o C4 do BCTV sugerem que não é necessário para a formação de sintomas ou movimento (*Pirouxet al.*, 2007), mas está envolvido na sinalização de eventos na célula através da via dos brassinosteróides, interagindo com a AtSketa quinase (Piroux et al., 2007).

3.3.7 Proteína de transporte nuclear (NSP)/BVl:

NSP funciona no transporte de DNA através do complexo de poro nuclear. O BV1 desempenha esta função localizando-se no núcleo e no nucléolo das células infectadas (Rojas et al., 2001) e liga-se ao ADN com base no seu tamanho e forma e não na especificidade da sequência. Esta interação pode ser o fator limitante para as restrições de tamanho associadas à replicação dos geminivírus (Rojas et al., 1998).

3.3.8 Proteína de Movimento (MP)/BCl:

Estudos de microinjecção mostraram que a BC1 modifica os plasmodesmatas das células hospedeiras e medeia o movimento do ADN viral de célula para célula (Rojas et al., 1998). Além disso, a BC1 é capaz de se deslocar de célula para célula, apoiando assim a sua associação com o movimento a longa distância das formas virais de ssDNA e dsDNA durante as infecções sistémicas. Estudos funcionais sugerem ainda que BC 1 pode servir como um determinante de patogenecidade capaz de provocar um fenótipo de sintomas não específico do hospedeiro (Pascal et al.,1993).

CAPÍTULO 4
Mecanismos de ação dos geminivírus na doença do mosaico da mandioca

4.1 Introdução

A mandioca (*Manihot esculenta* Crantz) é uma cultura alimentar vital, especialmente nas regiões tropicais de África, Ásia e América Latina. A sua adaptabilidade a vários tipos de solo e climas, associada à sua capacidade de produzir elevados rendimentos de raízes tuberosas amiláceas, torna-a uma fonte essencial de calorias e um alimento básico para mais de 800 milhões de pessoas em todo o mundo. A mandioca não é apenas uma cultura crucial para a segurança alimentar, mas também uma importante cultura industrial utilizada na produção de alimentos para animais, bioetanol e vários produtos alimentares.

Apesar do seu papel significativo na agricultura mundial, a produtividade da mandioca é gravemente afetada pela doença do mosaico da mandioca (CMD). A CMD é uma das doenças mais destrutivas que afectam a mandioca, conduzindo a perdas substanciais de rendimento, estimadas entre 20% e 95% nas zonas gravemente afectadas. Os principais agentes causais da CMD são os geminivírus, particularmente os pertencentes ao género Begomovirus da família Geminiviridae. Estes vírus são transmitidos por moscas brancas (Bemisia tabaci), que actuam como vectores, espalhando o vírus de plantas infectadas para plantas saudáveis.

Os geminivírus que causam a CMD são caracterizados pelas suas partículas icosaédricas geminadas únicas e por um genoma de ADN de cadeia simples (ssDNA). A compreensão dos mecanismos intrincados através dos quais estes vírus infectam a mandioca, se replicam no hospedeiro e causam doenças é crucial para o desenvolvimento de estratégias eficazes de controlo e gestão da CMD. Este capítulo analisa os mecanismos detalhados da ação dos geminivírus na CMD, explorando a estrutura viral, o ciclo de vida, a patogénese, as interações moleculares com o hospedeiro, o desenvolvimento de sintomas e os potenciais mecanismos de resistência.

A importância da mandioca vai para além do seu papel como cultura alimentar. Proporciona emprego e rendimento a milhões de pequenos agricultores e desempenha um papel fundamental nas economias rurais. Em muitos países em desenvolvimento, a mandioca serve de cultura-tampão durante períodos de escassez de alimentos, dada a sua resistência a condições adversas e a sua capacidade de prosperar em solos pobres onde outras culturas poderiam falhar. O seu elevado teor de amido torna-a uma matéria-prima valiosa para numerosas aplicações industriais, incluindo a produção de plásticos biodegradáveis, adoçantes e álcool.

O impacto da CMD na produção de mandioca é profundo. As plantas infectadas apresentam uma série de sintomas, incluindo padrões de mosaico nas folhas, distorção foliar, crescimento atrofiado e redução da produção de tubérculos. A doença afecta não só a quantidade, mas também a qualidade dos tubérculos de mandioca, tendo assim um impacto tanto na disponibilidade de alimentos como no rendimento económico dos agricultores. Os surtos de CMD podem levar a perdas económicas significativas, ameaçar a segurança alimentar e agravar a pobreza nas regiões afectadas.

Dada a gravidade da CMD e as suas implicações para a segurança alimentar e os meios de subsistência, é imperativo compreender em profundidade os mecanismos subjacentes à infeção por geminivírus e à patogénese da mandioca. Este conhecimento constitui a base para o desenvolvimento de medidas de controlo eficazes, incluindo a criação de resistência, intervenções biotecnológicas e melhores práticas agrícolas. Ao elucidar as interações moleculares entre os geminivírus e o seu hospedeiro de mandioca, os investigadores podem identificar potenciais alvos de intervenção e desenvolver estratégias inovadoras para mitigar o impacto da CMD.

Neste capítulo, exploraremos os mecanismos detalhados pelos quais os geminivírus infectam a mandioca, manipulam a maquinaria celular do hospedeiro e causam a DMC. Também discutiremos as respostas de defesa do hospedeiro e os esforços actuais para aumentar a resistência da mandioca à CMD através do melhoramento convencional e da engenharia genética. Esta compreensão abrangente é crucial para o desenvolvimento de soluções sustentáveis para proteger as culturas de mandioca e garantir a segurança alimentar contínua e a estabilidade económica de milhões de pessoas que dependem desta cultura vital.

4.2 Ciclo de vida

O processo de infeção começa quando as moscas brancas, os vectores primários, introduzem os geminivírus nas células do floema da mandioca durante a alimentação. Uma vez no interior da célula hospedeira, o ADN viral é transportado para o núcleo. O ADN ss é convertido em ADN de cadeia dupla (ADNd) pelas polimerases de ADN da célula hospedeira. A proteína iniciadora da replicação viral (Rep) é crucial para a replicação do genoma viral através de um mecanismo de replicação em círculo rolante. Os genes virais são transcritos utilizando a maquinaria de transcrição do hospedeiro. As transcrições são depois traduzidas em proteínas virais, incluindo a proteína de revestimento (CP), as proteínas de movimento (MP) e as proteínas associadas à replicação. As proteínas de movimento viral facilitam o transporte do genoma viral entre as células e por toda a planta. O ADN viral recentemente sintetizado é encapsidado em partículas geminadas. O vírus é então disseminado para novas plantas por moscas brancas.

4.3 Interação hospedeiro-vírus

Os geminivírus manipulam a maquinaria celular do hospedeiro para criar um ambiente favorável à sua replicação e propagação. Isto envolve o sequestro da maquinaria de replicação do ADN da planta, a alteração da regulação do ciclo celular e a supressão das defesas do hospedeiro.

A proteína iniciadora da replicação (Rep) dos geminivírus é fundamental para iniciar a replicação do ADN viral. A Rep reconhece e liga-se à origem da replicação (ori) dentro do genoma viral, fazendo um corte específico no ADN viral para iniciar o mecanismo de replicação em círculo rolante (RCR). A Rep interage com as proteínas de replicação do ADN do hospedeiro, incluindo a ADN polimerase, o antigénio nuclear das células em proliferação (PCNA) e a proteína de replicação A (RPA), cooptando-as para a síntese do ADN viral.

Os geminivírus manipulam o ciclo celular do hospedeiro para assegurar o fornecimento de maquinaria de replicação. A proteína Rep viral pode induzir as células hospedeiras a entrar na fase S, um período em que ocorre a síntese de ADN, interagindo com proteínas relacionadas com o retinoblastoma (RBR) e inactivando-as, que são reguladores-chave do ciclo celular.

Para evitar a morte celular prematura (apoptose) e manter um ambiente propício à replicação, os geminivírus produzem proteínas que inibem a apoptose. Isto permite que as células infectadas sobrevivam mais tempo e continuem a suportar a replicação viral.

Os geminivírus suprimem a defesa do hospedeiro através de AC2/AL2 e AC4, que actuam como supressores do silenciamento do ARN. Estas proteínas podem ligar-se e inativar componentes do complexo de silenciamento induzido por RNA (RISC) ou interferir com a biogénese de pequenos RNAs de interferência (siRNAs), que são cruciais para a defesa antiviral. Os geminivírus também modulam as vias de sinalização das hormonas vegetais, como o ácido jasmónico (JA) e o ácido salicílico (SA), que são reguladores-chave das respostas de defesa das plantas. Ao alterar estas vias, os geminivírus podem atenuar as respostas imunitárias do hospedeiro, tornando a planta mais suscetível à infeção.

Alguns geminivírus podem evitar a deteção pelos genes de resistência do hospedeiro (R) que normalmente desencadeiam a resposta hipersensível (HR), uma forma de morte celular programada que limita a propagação do agente patogénico. Esta evasão pode ser conseguida através de mutações nas proteínas virais que são reconhecidas pelas proteínas R ou através da supressão das vias de sinalização que conduzem à HR. Certas proteínas geminivirais podem interferir com as vias de sinalização que activam a HR, permitindo que o vírus se espalhe sem ser contido pela morte celular localizada.

4.4 Desenvolvimento de sintomas

Os sintomas da CMD foram relatados pela primeira vez por Warburg em 1894 no que é atualmente a Tanzânia. Os sintomas da CMD ocorrem como padrões caraterísticos de mosaico foliar que afectam áreas discretas e são determinados numa fase inicial do desenvolvimento da folha. As áreas cloróticas não conseguem expandir-se completamente, de modo que as tensões criadas pela expansão desigual da lâmina causam malformação e distorção. As folhas gravemente afectadas são reduzidas em tamanho, deformadas e torcidas, com áreas amarelas separadas por áreas de cor verde normal. As plantas ficam atrofiadas e as folhas jovens abrem-se (Storey e Nichols, 1938). Os sintomas variam de folha para folha, de rebento para rebento e de planta para planta, mesmo para a mesma variedade e estirpe de vírus na mesma localidade. A variação dos sintomas pode dever-se a diferenças na estirpe do vírus, à sensibilidade do hospedeiro, à idade da planta e a factores ambientais como a fertilidade do solo, a disponibilidade de humidade no solo, a radiação e a temperatura. As temperaturas frias aumentam geralmente a expressão dos sintomas, enquanto as temperaturas quentes a limitam.

Algumas folhas situadas entre as afectadas podem parecer normais e dar a aparência de recuperação. Este comportamento depende da temperatura ambiente e da resistência da planta hospedeira. No entanto, os sintomas podem reaparecer nas plantas recuperadas quando as condições ambientais favorecem a expressão dos sintomas. As primeiras folhas produzidas por uma estaca infetada são por vezes isentas de sintomas e são seguidas por folhas severamente afectadas. Há uma tendência para a gravidade dos sintomas diminuir à medida que as plantas envelhecem, especialmente nas variedades resistentes. Os sintomas tendem a reaparecer no crescimento axilar depois de as pontas dos rebentos serem removidas e este procedimento é por vezes adotado para aumentar a expressão dos sintomas no rastreio da resistência (Hillocks e Thresh., 2000). A propagação primária da doença é feita através do uso indiscriminado de estacas de caule infectadas; e a propagação secundária é feita através do vetor, a mosca branca *Bemisia tabaci.*

Uma vez que a doença ocorre de forma grave em muitas zonas de cultivo de mandioca, foram efectuados estudos sobre a gravidade dos sintomas em diferentes genótipos de mandioca e a influência sazonal no desenvolvimento da doença. Foi efectuado um estudo pormenorizado para avaliar a variação da pontuação dos sintomas entre diferentes genótipos em relação aos parâmetros meteorológicos em condições tropicais na Índia durante o período de crescimento.

Cassava leaves showing different grades of cassava mosaic disease

a. Class 1-no symptom observed, b. Class 2- mild chlorotic pattern over entire leaflets, c. Class 3 -moderate mosaic pattern , narrowing and distortion of the lower one third of leaflets, d. Class 4 - severe mosaic, distortion and general reduction of leaf size, e. Class 5-severe mosaic distortion of entire leaf (S.K.Hahn et al., 1980)

4.5 Tropismo tecidular

O geminivírus replica-se exclusivamente no núcleo das células infectadas (Morillaet *al.*, 2004). Isto é independente do tipo de infeção ou dos tecidos vegetais infectados. Os geminivírus são transferidos de uma planta para outra por insectos como a mosca branca e o fungo das folhas. Estes insectos são alimentadores do floema. Assim, por defeito, os geminivírus entram e infectam os tecidos do floema. Os tecidos do floema contêm um protoplasma contínuo rico em nutrientes e estão diretamente ligados aos sinplastos de toda a planta através de plasmodesmas. Do ponto de vista nutricional de um parasita, não há obviamente necessidade de o geminivírus infetar outros tecidos. Provavelmente, por esta razão, os promotores dos geminivírus são específicos do floema, o que restringe a sua expressão genética noutros tecidos, limitando assim o seu movimento (Morra & Petty, 2000). Mas alguns begomovírus podem estar presentes em células fora do sistema vascular, como o mesófilo da folha e a epiderme, quando ocorre uma co-infeção com um vírus de RNA não relacionado com um forte supressor de silenciamento (Wege & Siegmund, 2007). Isto sugere que o silenciamento de genes pode ser outro fenómeno pelo qual a planta restringe os geminivírus nas células do mesofilo e os limita aos tecidos do floema.

A invasão eficaz do hospedeiro por um geminivírus não está correlacionada com a gravidade dos sintomas, pelo que a invasão dos tecidos não tem efeitos no desenvolvimento da doença. Assim, a especificidade dos tecidos é uma caraterística específica do vírus e do seu hospedeiro e, no caso dos geminivírus, ainda não é claro quais os factores do hospedeiro mais relevantes. De facto, os diferentes níveis de replicação e transcrição viral nos tecidos, a eficiência das proteínas virais para suportar o movimento fora do sistema vascular e as estratégias de defesa do hospedeiro que actuam de forma diferente podem explicar as diferenças na invasão dos tecidos entre os begomovírus. O *Tomato yellow leaf curl virus* (TYLCV) e o AbMV restringem-se às células do floema, ao passo que o ACMV, o *Bean dwarf mosaic virus* (BDMV) e *o Tomato golden mosaic virus* (TGMV) invadem eficazmente os tecidos não floemáticos e encontram-se nas células epidérmicas e paliçadas, bem como nas células do parênquima esponjoso. Na infeção mista com o *Tomato yellow leaf curl Sardinia virus* (TYLCSV), a especificidade tecidular mantém-se, ao passo que nas infecções mistas de begomovírus com vírus ARN, as concentrações de vírus podem ser aumentadas nalguns casos, enquanto noutros não se observam efeitos.

Os factores do hospedeiro podem também desempenhar um papel na invasão dos tecidos. Isto é realçado pela observação de que os elementos promotores do TGMV funcionam numa ativação e repressão específicas do tecido da expressão do gene com sentido de virião. A adaptação ao hospedeiro também pode ser significativa. *O vírus do mosaico da Euphorbia* (EuMV) no seu hospedeiro natural *Euphorbia heterophyllaL.* permanece restrito ao floema, mas pode invadir tecidos não vasculares no hospedeiro experimental *Datura stramoniumL.*

4.6 Perda de rendimento

As pragas e doenças, associadas a más condições e/ou práticas de cultivo, podem causar perdas de rendimento. O melhoramento da mandioca para tolerância a stresses abióticos e bióticos resultou na seleção de variedades de mandioca com melhores caraterísticas de rendimento, armazenamento e tolerância (Morante *et al.*, 2010). As doenças provocadas pelo vírus do mosaico da mandioca causam perdas de produção que atingem quase 90% das raízes susceptíveis de serem colhidas. As práticas de gestão para reduzir as perdas devidas a pragas na mandioca incluem a seleção do local, práticas de melhoramento do solo e seleção de variedades e materiais de plantação adequados. A este respeito, foram feitos grandes progressos no controlo dos insectos e na utilização generalizada de variedades resistentes. Segundo Thresh *et al.* (1994), a nível mundial, a CMD causa uma perda estimada de 1,5 mil milhões de dólares por ano. Foi relatado que a CMD causa perdas de 20-95% em várias partes do mundo (Braima *et al.*, 2000). No Quénia, esta doença afecta a produção de mandioca em todas as principais regiões de cultivo de mandioca, nomeadamente as regiões oriental, de Nyanza, ocidental e costeira.

Não foi efectuada uma avaliação adequada da perda de rendimento devido à dificuldade de manter plantas saudáveis cultivadas no campo durante um período de crescimento completo para comparação com uma planta infecciosa. Terry e Hahn (1980) registaram perdas de 69% na produção de raízes armazenadas para o genótipo suscetível TME 117 e 32% para o genótipo resistente TMS 30395, cultivados no campo durante sete meses. Perdas de rendimento de raízes armazenadas entre 36 e 40% foram observadas em genótipos moderadamente resistentes, cultivados no campo durante 12 meses, cujo estado sanitário foi avaliado durante cinco meses após a plantação. A plantação de estacas derivadas de plântulas de mandioca *in vitro* isentas de vírus numa zona de elevada pressão de infeção por CMD deu origem a um maior rendimento tuberoso e a um maior número de estacas de caule em comparação com plantas derivadas de estacas normais. Foram igualmente registados aumentos de rendimento de 50% a 100% na plantação de estacas derivadas de plântulas in vitro no Congo, em comparação com estacas convencionais no campo.

CAPÍTULO 5
Medidas de controlo da doença do mosaico da mandioca (CMD)

5.1 Introdução

A complexidade da CMD, impulsionada pela diversidade das estirpes virais e pela adaptabilidade do vetor da mosca branca, exige uma abordagem multifacetada da sua gestão. Para combater eficazmente a CMD e assegurar uma produção sustentável de mandioca, deve ser aplicado um conjunto abrangente de medidas de controlo. Estas medidas incluem práticas culturais, controlo biológico, intervenções químicas e abordagens biotecnológicas avançadas. Cada estratégia desempenha um papel crucial num quadro de gestão integrada destinado a reduzir a incidência e a gravidade da CMD.

As práticas culturais constituem a pedra angular da gestão da CMD, salientando a importância da utilização de materiais de plantação isentos de doenças, da rotação de culturas e da remoção atempada das plantas infectadas. Estas práticas são essenciais para minimizar o inóculo inicial e limitar a propagação da doença dentro e entre campos. A educação dos agricultores e o envolvimento da comunidade são também componentes críticos, assegurando que as melhores práticas são amplamente adoptadas e mantidas.

As estratégias de controlo biológico oferecem uma opção sustentável e amiga do ambiente para a gestão da CMD. A utilização de predadores e parasitóides naturais para controlar as populações de mosca branca pode reduzir significativamente a propagação da CMD. Além disso, a utilização de variedades de mandioca resistentes à CMD, desenvolvidas através de técnicas de reprodução convencionais ou de técnicas biotecnológicas modernas, constitui uma solução a longo prazo para a doença. Estas variedades resistentes são cruciais não só para reduzir as perdas de rendimento, mas também para aumentar a resiliência dos sistemas de cultivo da mandioca.

As intervenções químicas, embora frequentemente consideradas como último recurso devido ao seu impacto ambiental, podem ser eficazes na gestão da CMD em determinadas condições. A utilização criteriosa de insecticidas para controlar as populações de mosca branca, combinada com estratégias de gestão integrada das pragas (GIP), pode ajudar a atenuar o impacto da doença. É essencial equilibrar a utilização de controlos químicos com outros métodos para garantir uma gestão sustentável e ecológica das pragas.

Os avanços na biotecnologia abriram novas fronteiras na luta contra a CMD. Técnicas como a engenharia genética e a edição do genoma são promissoras para o desenvolvimento de variedades de mandioca com maior resistência às doenças crónicas. Além disso, os diagnósticos moleculares e as ferramentas de vigilância permitem a deteção e a monitorização rápidas da CMD, facilitando intervenções atempadas e direcionadas. A integração destas abordagens biotecnológicas avançadas com os métodos tradicionais pode aumentar significativamente a eficácia global das estratégias de gestão da CMD.

O controlo da doença do mosaico da mandioca exige uma abordagem holística que integre várias medidas de controlo. Ao combinar práticas culturais, controlo biológico, intervenções químicas e avanços biotecnológicos, é possível mitigar os efeitos da CMD e garantir a sustentabilidade da produção de mandioca. Esta abordagem global não só responde aos desafios imediatos colocados pela CMD, como também constrói a base para um sistema de cultivo de mandioca resistente e produtivo face a ameaças futuras.

Neste capítulo, vamos aprofundar estas várias medidas de controlo, fornecendo uma análise detalhada de cada abordagem e do seu papel na gestão integrada da CMD. Ao compreender e implementar estas estratégias, os agricultores e as partes interessadas da agricultura podem reduzir significativamente a incidência e o impacto da CMD, salvaguardando a produção de mandioca e contribuindo para a segurança alimentar nas regiões afectadas.

5.2 Medidas de controlo tradicionais

5.2.1 Utilização de variedades resistentes

Programas de melhoramento genético: Os programas de melhoramento tradicionais centram-se no desenvolvimento de variedades de mandioca que apresentem resistência à CMD. Os genes de resistência são identificados e incorporados em novas cultivares através de reprodução selectiva.

Seleção Assistida por Marcadores (MAS): A SAM acelera o processo de melhoramento através da utilização de marcadores moleculares ligados a caraterísticas de resistência, permitindo a seleção de plantas resistentes numa fase precoce.

5.2.2 Utilização de material limpo

Foi recomendada a aplicação de material de plantação isento de vírus. De acordo com Bock (1994a), esse esquema pode ser prático e viável se a pressão da doença for baixa e as plantas forem suficientemente resistentes. Hillocks (1997) referiu que as plantas isentas de ACMV podem ser obtidas através da seleção de material dentro das existências, mais a subsequente remoção (roguing) de plantas infectadas que aparecem na fase de germinação. Sugere-se também como alternativa a produção de plantas isentas de vírus para posterior multiplicação e utilização pelos agricultores, através da tecnologia de cultura de tecidos associada à termoterapia. Foi delineada uma abordagem semelhante para fornecer diretrizes para a circulação segura de material de plantação de mandioca.

5.2.3 Tempo efetivo de plantação

Deve evitar-se a plantação na fase mais suscetível da planta, que coincide com uma população elevada de vectores. Desta forma, o rendimento das plantas infectadas numa fase posterior (fase menos suscetível) pode ser menos afetado. As perdas de rendimento de 34% e 43%, respetivamente, para duas variedades locais gravemente infectadas, plantadas perto de Ibadan, pouco depois de o ACMV ter sido notificado pela primeira vez na Nigéria, e também não se observou nenhum efeito aparente no rendimento de plantas apenas ligeiramente infectadas como resultado de uma infeção recente por moscas brancas, o que mostra que a oportunidade de plantação pode ajudar as plantas a escapar a perdas graves de rendimento. Esta abordagem (plantação fora da estação das chuvas) foi recomendada para o Quénia e para a Costa do Marfim, uma vez que a maior parte da transmissão do vírus ocorre durante a parte inicial da estação das chuvas.

5.3 Estratégias de controlo biológico

5.3.1 Predadores naturais e parasitóides de moscas brancas

Os predadores naturais e os parasitóides desempenham um papel crucial no controlo biológico das moscas brancas, os principais vectores da doença do mosaico da mandioca

(CMD). A utilização destes inimigos naturais ajuda a reduzir as populações de mosca branca de uma forma ambientalmente sustentável, diminuindo assim a incidência e a propagação da CMD. Esta secção descreve os principais predadores e parasitóides naturais das moscas brancas, os seus papéis e os benefícios e desafios associados à sua utilização em estratégias de gestão integrada de pragas (GIP).

Principais predadores naturais

Escaravelhos (Coccinellidae)

Espécies: As espécies predominantes são a *Harmonia axyridis* (escaravelho asiático) e *a Coccinella septempunctata* (joaninha das sete manchas).

Papel: Tanto as larvas como os besouros adultos alimentam-se vorazmente de ovos, ninfas e adultos de mosca branca.

Benefícios: As elevadas taxas de predação e a capacidade de se desenvolver em diversos ambientes tornam os escaravelhos-da-dama eficazes no controlo das populações de mosca branca.

Cordilheiras (Chrysopidae)

Espécies: As espécies comuns incluem *Chrysoperla carnea* (crisopídeo verde).

Função: As larvas de crisopídeos, frequentemente designadas por "leões de pulgões", alimentam-se de ovos e ninfas de mosca branca.

Vantagens: Os crisopídeos são altamente eficazes na redução do número de moscas brancas e podem ser facilmente criados e libertados nas áreas afectadas.

Moscas volantes (Syrphidae)

Espécies: As espécies notáveis incluem a Episyrphus balteatus (mosca da marmelada).

Papel: As larvas de mosca-das-rochas alimentam-se de ninfas de mosca branca e de outros insectos de corpo mole.

Benefícios: As moscas varejeiras contribuem para o controlo de pragas ao mesmo tempo que ajudam na polinização, oferecendo benefícios duplos às culturas de mandioca.

Escaravelhos predadores (Staphylinidae e Carabidae)

Espécies: Várias espécies, incluindo Atheta coriaria (escaravelho).

Função: Os escaravelhos predadores alimentam-se de ovos, larvas e pupas de mosca branca.
Benefícios: Estes escaravelhos são adaptáveis a diferentes contextos agrícolas e podem ser integrados em programas IPM.

Parasitóides principais

Encarsia Formosa

Descrição: Pequena vespa parasita que tem como alvo as moscas brancas, nomeadamente a mosca branca das estufas (*Trialeurodes vaporariorum*).
Função: As vespas fêmeas põem ovos dentro das ninfas de mosca branca e as larvas em desenvolvimento consomem o hospedeiro a partir do interior.
Benefícios: A Encarsia formosa é altamente eficaz em estufas e campos abertos, reduzindo significativamente as populações de mosca branca.

Eretmocerus Eremicus

Descrição: Outra espécie de vespa parasita que parasita várias espécies de mosca branca, incluindo *a Bemisia tabaci*.
Função: Semelhante à Encarsia formosa, a Eretmocerus eremicus põe ovos nas ninfas de mosca branca, levando-as à morte.
Vantagens: Este parasitoide pode ser criado em massa e libertado em grandes quantidades, proporcionando um controlo substancial das populações de mosca branca.

Amitus Bennetti

Descrição: Vespa parasitoide que tem como alvo as ninfas de *Bemisia tabaci*.
Papel: As fêmeas de Amitus bennetti põem ovos nas ninfas de mosca branca e as larvas emergentes consomem o hospedeiro.
Vantagens: Eficaz na redução das populações de mosca branca e pode ser utilizado em conjunto com outros agentes de controlo biológico.

Benefícios da utilização de predadores e parasitóides naturais

Sustentabilidade ambiental: Os agentes de controlo biológico reduzem a necessidade de pesticidas químicos, minimizando a poluição ambiental e preservando os insectos benéficos.
Redução da resistência da praga: Ao contrário dos controlos químicos, os inimigos naturais não conduzem ao desenvolvimento de resistência nas populações de mosca branca.

Custo-eficácia: Ao longo do tempo, o controlo biológico pode ser mais rentável do que as aplicações repetidas de pesticidas, especialmente quando os inimigos naturais estabelecem populações auto-sustentáveis.

Desafios e considerações

Factores ambientais: A eficácia dos predadores e parasitóides naturais pode ser influenciada pelas condições ambientais, como a temperatura e a humidade.

Compatibilidade com outros métodos de controlo: Os agentes de controlo biológico devem ser cuidadosamente integrados com outras estratégias de gestão de pragas para evitar interações negativas, como os efeitos adversos dos pesticidas nos insectos benéficos.

Implementação e monitorização: Um controlo biológico bem sucedido requer um planeamento cuidadoso, uma monitorização regular e, por vezes, a reintrodução de inimigos naturais para manter um controlo eficaz sobre as populações de mosca branca.

5.4 Práticas Agroecológicas

As práticas agroecológicas desempenham um papel fundamental na gestão sustentável da doença do mosaico da mandioca (DMC), aumentando a resiliência dos agroecossistemas e reduzindo a incidência da doença. Estas práticas integram princípios ecológicos nos sistemas agrícolas, promovendo a biodiversidade, a saúde dos solos e a regulação natural das pragas. A adoção de práticas agroecológicas pode atenuar significativamente o impacto da CMD através de vários mecanismos.

5.4.1 Valorização da biodiversidade

Policultura e diversificação de culturas

Descrição: Cultivo de várias espécies de culturas em conjunto ou em rotação.

Benefícios: Reduz o risco de propagação da CMD ao interromper o ciclo de vida das moscas brancas e de outras pragas. Sistemas de cultivo diversificados podem também proporcionar habitats para inimigos naturais das moscas brancas, melhorando o controlo biológico.

Agroflorestação

Descrição: Integração de árvores e arbustos nos campos de mandioca.

Benefícios: Proporciona um habitat para insectos benéficos, melhora as condições microclimáticas e aumenta a fertilidade do solo através da introdução de matéria orgânica. As árvores podem atuar como barreiras físicas ao movimento da mosca branca, reduzindo a propagação da CMD.

Melhorar a saúde do solo

Descrição: Utilização de composto, estrume e outros materiais orgânicos para enriquecer o solo.

Benefícios: Melhora a estrutura do solo, aumenta a disponibilidade de nutrientes e promove microorganismos benéficos para o solo. Os solos saudáveis suportam plantas de mandioca robustas que são mais capazes de resistir à infeção por CMD.

Cultura de cobertura

Descrição: Cultivo de culturas de cobertura durante os períodos de pousio.

Benefícios: Evita a erosão do solo, suprime as ervas daninhas e aumenta a matéria orgânica do solo. As culturas de cobertura podem também acolher insectos benéficos e perturbar o ciclo de vida das pragas.

Gestão do habitat

Descrição: Conceber a paisagem agrícola para apoiar a biodiversidade e os serviços ecossistémicos.

Benefícios: Melhora o habitat dos inimigos naturais da mosca branca, tais como sebes, faixas de proteção e bancos de escaravelhos. Estes habitats oferecem refúgio e recursos para organismos benéficos, aumentando a sua eficácia no controlo das populações de mosca branca.

Sistemas de irrigação eficientes

Descrição: Implementação de métodos de rega gota a gota ou outros métodos de rega eficientes em termos de água.

Benefícios: Assegura um crescimento ótimo das plantas e reduz o stress, tornando as plantas de mandioca menos vulneráveis à CMD. Uma gestão adequada da água também evita condições propícias à proliferação da mosca branca.

Gestão de nutrientes

Descrição: Fertilização equilibrada com base em testes de solo e necessidades da cultura.

Benefícios: Apoia o crescimento saudável das plantas e aumenta a resistência à CMD. A fertilização excessiva ou insuficiente pode enfraquecer as plantas e torná-las mais susceptíveis a doenças.

Participação dos agricultores e partilha de conhecimentos

Descrição: Plataformas de aprendizagem de base comunitária onde os agricultores partilham conhecimentos e experiências.

Benefícios: Capacita os agricultores com conhecimentos práticos sobre práticas agroecológicas e gestão de CMD. Incentiva a ação colectiva e a adoção das melhores práticas.

Investigação e extensão participativas

Descrição: Investigação em colaboração entre agricultores, cientistas e agentes de extensão.

Benefícios: Assegura que as práticas agro-ecológicas sejam adaptadas e relevantes a nível local. Facilita a disseminação de estratégias eficazes de gestão de CMD.

5.5 Abordagens biotecnológicas

5.5.1 Cultura de meristemas

A técnica mais amplamente utilizada e única para a eliminação de vários agentes patogénicos, incluindo vírus, viróides, micoplasmas, bactérias e fungos, é a cultura de meristemas de plantas. A cultura da ponta do meristema tira partido do facto de muitos vírus não conseguirem invadir a região meristemática. Os meristemas são frequentemente desprovidos de agentes patogénicos sistémicos devido à ausência de tecidos condutores diferenciados. Além disso, foi proposto o uso de material de plantação derivado de meristemas pré-existentes para gerar plantas geneticamente mais uniformes e reduzir a quantidade de variação entre os propágulos para manter a integridade genética. Existem relatórios sobre a eliminação bem sucedida de vírus de plantas infectadas através da cultura de meristemas e da indexação de vírus da mandioca. Na mandioca, na batata-doce, no inhame e no inhame-pata-de-elefante, foi registada a eliminação bem sucedida de agentes causadores de doenças através da cultura de pontas de meristema. Alam et al., 2004 também produziram sementes de tomateiro isentas de vírus através de cultura de meristemas.

A cultura de meristemas não garante automaticamente a ausência total de vírus vegetais. A deteção de vírus é importante para a produção de material de plantação isento de vírus e para a circulação segura de germoplasma. Antes da transferência intercontinental de materiais de plantação, as plantas derivadas de meristemas devem ser testadas para detetar a presença de vírus. O método ELISA é um método conveniente para detetar a presença de vírus, mas a utilização desta técnica é limitada em termos de sensibilidade de deteção com concentrações muito baixas de vírus, como nas plantas cultivadas em tecidos. Para o diagnóstico de rotina de plântulas derivadas de meristemas, um método rápido, fiável e pouco dispendioso como a PCR constituiria uma alternativa possível. Para o diagnóstico de rotina, foram desenvolvidos vários protocolos de diagnóstico para a deteção do vírus do mosaico da mandioca.

5.5.2 Engenharia genética para resistência a CMD

A literatura sobre engenharia genética para resistência à doença do mosaico da mandioca (CMD) destaca avanços significativos no desenvolvimento de variedades de mandioca resistentes à CMD através de várias abordagens moleculares. Vanderschuren et al. (2012) demonstraram a eficácia da interferência de RNA (RNAi) para conferir resistência à CMD, visando a degradação do RNA viral. Este método envolve a conceção de construções de RNAi que se ligam especificamente ao RNA viral da CMD, levando à sua degradação e impedindo a replicação viral. A sua investigação mostrou uma redução acentuada dos sintomas da CMD e da carga viral nas plantas de mandioca transgénicas, indicando o potencial do RNAi como uma estratégia robusta para o controlo da CMD. Do mesmo modo, Patil e Fauquet (2009) exploraram a utilização de inibidores de proteínas que visam a proteína associada à replicação (Rep) do vírus da CMD. O seu estudo revelou que a mandioca transgénica que expressava estes inibidores apresentava níveis significativamente mais baixos de infeção por CMD, sublinhando o potencial dos mecanismos de resistência baseados em proteínas.

Avanços recentes em tecnologias de edição de genoma, particularmente CRISPR/Cas9, abriram novos caminhos para a resistência à CMD. Gomez et al. (2019) aplicaram com sucesso o CRISPR/Cas9 para interromper sequências essenciais de DNA viral no genoma da mandioca, resultando em plantas com maior resistência ao CMD. Esta técnica precisa de edição do genoma permite a modificação direcionada de loci específicos, proporcionando um alto nível de especificidade e eficiência com efeitos mínimos fora do alvo. A versatilidade do CRISPR/Cas9 na edição de genes virais e do hospedeiro, essenciais para a infeção por CMD, sublinha o seu potencial como ferramenta transformadora para a gestão de doenças das plantas. Além disso, a integração da engenharia genética com os métodos de melhoramento convencionais está a ser cada vez mais reconhecida como uma abordagem viável para desenvolver variedades de mandioca resistentes à CMD. Esta abordagem híbrida pode aumentar a durabilidade da resistência, combinando os pontos fortes da engenharia genética e do melhoramento tradicional, respondendo a diversas necessidades agrícolas e assegurando a sustentabilidade a longo prazo das estratégias de controlo da CMD.

5.6 Outro mecanismo de controlo

Nas plantas, algumas interações vírus-hospedeiro conduzem naturalmente à recuperação do hospedeiro. Este fenómeno de recuperação dos sintomas não é habitual nos geminivírus. No entanto, em *N. benthamiana* e mandioca infectadas com ACMV-[CM]e em mandioca infetada com SLCMV, foi observada a recuperação dos sintomas; em ambos os casos, a formação de mosaicos e a distorção das folhas infectadas sistemicamente foram observadas durante 2-3 semanas após a inoculação, após o que as plantas recuperaram dos sintomas de infeção. A análise e a modelação da propagação temporal do ACMV mostraram que, com a reversão e/ou uma boa seleção de estacas, a incidência da doença pode atingir uma posição de equilíbrio abaixo de 100% de infeção em cultivares resistentes. Nesse equilíbrio, as novas infecções causadas por moscas brancas são amortecidas pelo princípio da "reversão" e pela seleção adequada do material de plantação.

A recuperação foi descrita pela primeira vez há quase 80 anos e é caracterizada por uma infeção sintomática inicial que é seguida pela atenuação ou eliminação dos sintomas nas folhas recém-emergidas (Wingard., 1928). Em plantas infectadas com o vírus da mancha anelar do tabaco (um nepovírus), as folhas recuperadas eram resistentes a uma infeção secundária com o mesmo vírus, embora a seiva extraída dessas folhas induzisse facilmente sintomas típicos em plantas jovens saudáveis. Mais tarde, demonstrou-se que a recuperação do hospedeiro dos sintomas induzidos por outro nepovírus (tomato black ring virus [TBRV]), um caulimovírus e um tobravírus é acompanhada por uma redução da concentração de ARN viral. A incubação de plantas a uma temperatura elevada está correlacionada com o aumento da atividade de silenciamento do ARN, a redução da acumulação de vírus e a atenuação do desenvolvimento de sintomas ou a indução de fenótipos de recuperação. Assim, a recuperação de plantas da infeção natural por vírus é frequentemente descrita como uma consequência do silenciamento do ARN. No entanto, a recuperação não é necessariamente acompanhada pela eliminação do vírus, como foi recentemente demonstrado em plantas infectadas com um ilarvírus (tobacco streak virus). Por conseguinte, é provável que outros factores estejam envolvidos na indução da recuperação. A recuperação foi anteriormente observada noutras combinações begomovírus-hospedeiro; por exemplo, em plantas de pimento infectadas com *Pepper golden mosaicvirus* (PepGMV) (Tripp et al., 2007) e em melancia (*Citrulluslanatus*) infetada com o begomovírus bipartido *Cucurbit leaf crumple virus* (CuLCrV). A recuperação da infeção por outro tipo de vírus de ADN, o *vírus do mosaico da couve-flor*, foi associada ao silenciamento de genes pós-transcricionais (PTGS). A diminuição dos títulos virais está associada a plantas que sofrem uma recuperação dos sintomas. Contrariamente à tendência geral, as plantas *de N. benthamiana* infectadas com o *Tomato ringspot virus* (ToSRV) recuperaram sem uma redução proporcional do título de ARN viral, o que sugere que a recuperação tem resultados variáveis em diferentes interações vírus-hospedeiro.

5.6.1 Silenciamento de genes pós-transcricionais

O silenciamento pós-transcricional de genes (PTGS) é um tipo de mecanismo natural de defesa das plantas em resposta a ácidos nucleicos parasitas ou estranhos, tais como vírus, e ocorre em plantas superiores e animais. Os PTGS defendem-se contra os vírus de ARN, o que envolve a degradação específica e dependente de homologia do ARN. Como contra-defesa, os vírus codificam uma série de proteínas supressoras de silenciamento. Estas proteínas, que são funcional e estruturalmente muito diversas, interferem com a iniciação, a manutenção e a sinalização sistémica no processo de silenciamento do ARN. Foram identificados mais de 30 tipos diferentes de supressores de silenciamento em vírus de ARN, mas também em vírus de ADN. Quando a infeção viral é visada, esta resposta de defesa é referida como silenciamento de genes induzido por vírus (VIGS), e pode levar a uma redução do título viral e da doença. Uma das caraterísticas do PTGS, na planta, é o aparecimento de pequenos RNAs (21 a 25 nt) (siRNAs). Este silenciamento de RNA envolve etapas críticas, incluindo a produção de RNA de cadeia dupla (dsRNA), o processamento do dsRNA em RNA de interferência pequeno (siRNA), seguido de direcionamento específico da sequência e silenciamento do RNA mensageiro viral (mRNA) por complexos efetores incorporados ao siRNA (Seo et al., 2013).Em VIGS, esses siRNAs representam porções do RNA viral que foram clivadas por máquinas de silenciamento. A RNA polimerase dependente de RNA codificada pelo hospedeiro (RDR) desempenha um papel crucial na manutenção do silenciamento de genes induzido pelo vírus, convertendo ssRNAs em dsRNAs para a síntese de siRNAs secundários. Os dsRNAs servem de substrato para as ribonucleases do tipo Dicer (DCL), que clivam os dsRNAs para produzir duplexes de pequenos RNAs (vsRNA) derivados do vírus, com 21 a 24 nucleótidos (nt), que actuam depois para dirigir o complexo de silenciamento induzido por

RNA (RISC) para degradar ainda mais os RNAs virais homólogos. Embora não se conheçam todas as vias pelas quais um ARN pode ser reconhecido e desencadear PTGS, é evidente que o dsRNA (um intermediário comum da replicação viral) é um alvo potente para o silenciamento. No entanto, como os geminivírus têm um genoma de ADN de cadeia simples e não se replicam através de dsRNAs, é provável que nem os níveis de transcrição do ARN mensageiro nem a estrutura secundária desencadeiem o silenciamento dos geminivírus. Curiosamente, é agora claro que as plantas e os animais superiores também utilizam o silenciamento de genes para a regulação de genes; isto é especialmente comum no desenvolvimento. Assim, algumas classes de pequenos RNAs (por exemplo, microRNAs) são importantes para o desenvolvimento.

Nos geminivírus, a proteína activadora da transcrição (TrAp) expressa a partir de AC2 no *vírus* monopartido *Tomato yellow leaf curl China virus* foi identificada como supressora de PTGS. Este facto foi confirmado por ensaios de expressão genética transiente com um vetor PVX que identifica funcionalmente os genes AC2 de vários outros begomovírus como supressores do silenciamento de genes. Curiosamente, enquanto o AC2 foi determinado como supressor de silenciamento para o EACMV e para o *vírus do mosaico da mandioca indiano* (ICMV), o AC4 foi considerado como supressor de silenciamento de genes para o ACMV e para o *vírus do mosaico da mandioca do Sri Lanka* (SLCMV). Isto realça ainda mais a variedade de estratégias de contra-defesa adoptadas por vírus, mesmo relacionados, que actuam em diferentes aspectos do silenciamento do ARN.

5.6.2 PCR em tempo real

A quantificação de agentes patogénicos pode ser realizada utilizando diferentes abordagens. No entanto, a PCR fluorescente em tempo real ou RT-PCR é atualmente uma das técnicas mais frequentemente utilizadas para quantificar sequências de nucleótidos de nemátodos, insectos, parasitas, plantas, fungos e algas, bactérias e leveduras e vírus. A PCR quantitativa em tempo real baseada na fluorescência (qPCR), com a sua capacidade de detetar e medir quantidades diminutas de ácidos nucleicos numa vasta gama de amostras provenientes de numerosas fontes, é a tecnologia que permite, por excelência, o diagnóstico molecular, as ciências da vida, a agricultura e a medicina. Aplicada aos vírus vegetais, esta tecnologia tem sido utilizada para a deteção e quantificação de partículas virais em folhas, flores, sementes e vectores.

Com base na amplificação específica de uma sequência curta de nucleótidos, diretamente detectada quer pela incorporação do corante fluorescente SybrGreen® em moléculas de cadeia dupla recém-sintetizadas, quer pela degradação de uma sonda marcada com corante fluorescente (TaqMan®, Molecular beacon® ou Scorpio®) durante a polimerização de novas cadeias, esta tecnologia tem sido utilizada para desenvolver ensaios de deteção específica de várias espécies virais (Balaji et al, 2003; Drosten et al., 2002; Eun et al., 2000; Lunello et al., 2004; Mumford et al., 2000). No entanto, alguns programas de investigação, como os estudos epidemiológicos, beneficiariam com a identificação e a quantificação de diferentes estirpes virais. A possibilidade de identificar sequências-alvo específicas de estirpes, devido à acumulação de dados de sequências sobre estas estirpes virais, permite a adaptação desta tecnologia à caraterização e quantificação da deteção de estirpes virais, tal como já foi demonstrado em relação ao vírus da dengue (Callahan et al., 2001), ao vírus da imunodeficiência humana (Candotti et al., 2004) ou a novas doenças emergentes que expressam síndromes dependentes da estirpe (Egli et al., 2001). O polimorfismo nucleotídico específico do grupo PVY recentemente caracterizado (A/G2213; posição nt) poderia ser utilizado com vantagem para desenvolver procedimentos de RT-PCR em tempo real para a quantificação específica dos grupos PVYN e PVYO. A PCR em tempo real é a norma de ouro para a quantificação da expressão genética. Tem sido um longo desafio para os cientistas conceber um ensaio de PCR convencional a partir de miRNAs com um comprimento médio de _22 nt. Foram publicados vários relatórios sobre o protocolo de PCR em tempo real para quantificar miRNAs de plantas.

5.6.3 Despistagem da resistência às CMD

O rastreio da resistência à doença do mosaico da mandioca (CMD) é uma etapa crucial no desenvolvimento e na implantação de variedades de mandioca resistentes. Os métodos tradicionais têm-se baseado principalmente em avaliações de campo em que as plantas de mandioca são expostas a uma pressão natural ou artificial da CMD. Estas avaliações implicam frequentemente a avaliação da gravidade dos sintomas e da carga viral nas plantas ao longo de várias estações de crescimento. Fauquet e Fargette (1990) forneceram um dos primeiros quadros abrangentes para o rastreio da resistência à CMD no terreno, salientando a importância de sistemas de pontuação consistentes e fiáveis. Salientaram que os protocolos de rastreio robustos devem ter em conta as variações ambientais que podem influenciar a expressão da doença. Além disso, os programas de melhoramento sistemático utilizaram estas avaliações de campo para identificar e propagar germoplasma resistente ao CMD, contribuindo significativamente para o desenvolvimento de variedades de mandioca resistentes ao CMD que são atualmente amplamente cultivadas.

Os avanços no diagnóstico molecular melhoraram significativamente o processo de rastreio da resistência à CMD. Técnicas como a Reação em Cadeia da Polimerase (PCR) e a PCR quantitativa (qPCR) permitem a deteção e quantificação precisas de vírus causadores de CMD em várias fases do desenvolvimento da planta. Ogbe et al. (2003) demonstraram a utilidade dos métodos baseados na PCR para a deteção precoce e exacta da CMD, facilitando a identificação de indivíduos resistentes antes do aparecimento dos sintomas. Esta abordagem molecular não só acelera o processo de melhoramento, como também aumenta a fiabilidade do rastreio da resistência, eliminando os preconceitos subjectivos associados às avaliações visuais. Além disso, as tecnologias de sequenciação de elevado rendimento permitiram a identificação de marcadores moleculares ligados a genes de resistência à CMD, tal como referido por Rabbi et al. (2014). Estes marcadores podem ser utilizados na seleção assistida por marcadores (MAS) para simplificar a criação de variedades resistentes à CMD, assegurando que os traços de resistência são efetivamente incorporados e mantidos nas populações de reprodução. A integração destas técnicas moleculares avançadas com os métodos de rastreio tradicionais representa uma estratégia abrangente para o desenvolvimento de variedades de mandioca resistentes à CMD.

O principal objetivo da gestão da CMD ao longo dos anos tem sido a criação de resistência às CMGs utilizando abordagens convencionais. Isto resultou na produção de uma série de materiais resistentes. A avaliação da sua capacidade de resistência à CMD é importante devido ao impacto devastador da CMD na produção de mandioca. Com o aumento da propagação da doença, os estudos sobre o mecanismo de transmissão do vírus tornam-se cada vez mais importantes. Tal inclui investigações sobre a relação entre plantas e vectores de vírus e, em especial, sobre a resistência aos vírus. Para uma melhor compreensão da infeção por vírus, é necessário um procedimento fiável de inoculação artificial de vírus.

Até agora, foram aplicados vários procedimentos de inoculação artificial de vírus, nomeadamente a enxertia, a inoculação mecânica através de ferimentos e fricção, a inoculação agrícola e o vetor baseado em insectos, utilizando *Bemisia tabaci*.

Na Índia, Nair (1975) relatou que a transmissão foi inferior a 10% usando 50 moscas brancas por planta com períodos de aquisição e alimentação de inoculação de 24 horas. No entanto, Mahto e Sinha (1978) referiram que o vírus do mosaico da mandioca foi transmitido por um único B. *tabaci* virulífero, aumentando a percentagem de transmissão com o aumento do número de moscas brancas por planta. Malathi (1981) observou que o ICMV não podia ser transmitido de mandioca para mandioca ou para outros hospedeiros por meios mecânicos, apesar de repetidas tentativas. Malathi *et al.* (1985) registaram uma transmissão muito baixa do ICMV de mandioca para mandioca, mesmo com uma população muito elevada de *B. tabaci*. Mathew (1988) revelou que um único *B. tabaci* foi capaz de transmitir o ICMV da mandioca para o hospedeiro indicador *Nicotiana benthamiana.* Cem por cento de transmissão foi obtida com 40 ou mais moscas brancas por plântula. Mathew e Muniyappa (1991) transmitiram o ICMV por *B. tabaci* para mandioca, seringueira, *Nicotiana* spp. e 23 cultivares de *N. tabacum.*

Conclusão

A doença do mosaico da mandioca (CMD) continua a ser um desafio significativo para a produção de mandioca, afectando a segurança alimentar e os meios de subsistência em muitas partes de África, da Ásia e da América Latina. Ao longo dos anos, a investigação aprofundada e os esforços de colaboração permitiram um conhecimento mais profundo da etiologia, epidemiologia e estratégias de gestão da doença. Apesar destes avanços, a CMD continua a representar uma ameaça substancial, necessitando de esforços contínuos e reforçados para combater a sua propagação e impacto.

A CMD é causada principalmente por várias espécies de geminivírus, conhecidos coletivamente como begomovírus do mosaico da mandioca (CMBs), que são transmitidos pelo vetor da mosca branca (*Bemisia tabaci*) e através de estacas infectadas. A doença manifesta-se através de sintomas como a clorose das folhas, o crescimento atrofiado e a redução da produção de tubérculos, afectando gravemente a produtividade da mandioca. A situação atual da gestão da CMD inclui a monitorização e o mapeamento contínuos da incidência e propagação da CMD, que têm sido cruciais para compreender a dinâmica da doença e aplicar medidas de controlo atempadas. Registaram-se progressos significativos no desenvolvimento de variedades de mandioca resistentes à CMD através de abordagens convencionais de reprodução e biotecnológicas. Estas variedades resistentes revelaram resultados prometedores na redução da prevalência da doença e na garantia de rendimentos estáveis. As abordagens de gestão integrada das pragas (GIP), que combinam variedades resistentes, controlo de vectores e práticas culturais, foram promovidas para gerir eficazmente a CMD, incluindo a cultura intercalar, o espaçamento adequado e a utilização de materiais de plantação saudáveis. Os avanços na biologia molecular e na genómica levaram à identificação de genes de resistência e ao desenvolvimento de marcadores moleculares, facilitando a seleção assistida por marcadores (MAS) e a engenharia genética para a resistência às CMD.

As perspectivas futuras para a gestão da CMD envolvem uma abordagem multifacetada, integrando avanços na ciência, tecnologia e envolvimento da comunidade. A utilização de técnicas de ponta, como a CRISPR/Cas9, para uma edição precisa do genoma, tem potencial para desenvolver variedades de mandioca com resistência duradoura à CMD. Uma exploração mais aprofundada do genoma da mandioca ajudará a identificar e a utilizar novos genes de resistência. A utilização da deteção remota, da tecnologia de drones e da análise avançada de dados pode melhorar a vigilância das doenças, permitindo a deteção precoce e a resposta rápida a surtos de CMD. A monitorização em tempo real e a modelação preditiva podem ajudar a prever as tendências das doenças e a formular estratégias de controlo proactivas. A exploração de opções de controlo biológico para o vetor da mosca branca, tais como predadores naturais e fungos entomopatogénicos, pode reduzir a dependência de insecticidas químicos, promovendo uma gestão sustentável das pragas.

O reforço dos serviços de extensão e dos programas de educação dos agricultores é fundamental para garantir a adoção de práticas de gestão da CMD. A formação dos agricultores sobre a utilização de variedades resistentes, práticas agronómicas adequadas e identificação de doenças permitir-lhes-á combater eficazmente as CMD. Quadros políticos sólidos e apoio institucional são essenciais para sustentar os esforços de gestão das CMD. Os governos, as instituições de investigação e as organizações internacionais devem colaborar para garantir financiamento, infra-estruturas e apoio regulamentar adequados às iniciativas de investigação e controlo das CMD. Ao concentrarem-se nestas áreas, as partes interessadas podem trabalhar para um futuro em que a produção de mandioca seja resistente ao CMD, garantindo alimentos e meios de subsistência a milhões de pessoas em todo o mundo.

Referências

Abdullahi I, Winter S, Atiri GI, Thottappilly G (2003) Caracterização molecular da população de mosca branca *Bemisia tabaci* (*Hemiptera: Aleyrodidae*) que infesta a mandioca. *Bulletin Entomol Res*. 93:97 - 106.

Abraham K, Edison S, Unnikrishnan M, Sheela MN, Vimala B, Sreekumari MT (2006) Tuber crops varieties released byCTCR: Technical Bulletin No.24. CTCRI,pp. 64.

Ahmed F (2002) Detection of Genetically Modified Organisms in Foods (Deteção de organismos geneticamente modificados nos alimentos). *Trends Bioechnol*, 20 (5): 215-223.

Akbergenov R, Si-Ammour A, Blevins T, Amin I, Kutter C, Vanderschuren H, Zhang P, Gruissem W, Meins F, Hohn T (2006) Molecular characterization of geminivirus-derived small RNAs in different plant species. *Nucleic Acids Res*.34:462-471.

Anitha Jose, Makeshkumar T, Edison S (2011) Inquérito sobre a doença do mosaico da mandioca em Kerala. *J. Root Crops*, 37(1): 41-47.

Bernardo O, Roberto S, Armando B (2002) Micropropagação de plantas de mandioca através do sistema de imersão temporária e endurecimento de um grande número de plantas *in vitro* de mandioca. In: Actas do 7º Workshop Regional sobre Investigação e Desenvolvimento da Mandioca na Ásia: Exploring New Opportunities for an Ancient Crop (Explorando novas oportunidades para uma cultura antiga), Howeler, R. H. (Ed.). Bankok, Tailândia. pp. 161-173.

Brodersen P, Voinnet O (2006) The diversity of RNA silencing pathways in plants (A diversidade das vias de silenciamento do ARN nas plantas). *Trends Genet*. 22(5):268--280.

Brown JK (2000) Molecular markers for the identification and global tracking of whitefly vetor-begomovirus complexes. *Virus Research*, 71:233 - 260.

Bustin SA, Benes V, Garson JA, Hellemans J, Huggett J, Kubista M (2009) The MIQE guidelines: minimum information for publication of quantitative real-time PCR experiments. *Clin. Chem*. 55: 611-622.

CABRI (2004) Enxertia de material vegetal infetado por vírus em plantas hospedeiras saudáveis. Procedimentos laboratoriais para vírus de células vegetais. *O Consórcio CABRI* 1999-2003.

Calvert LA, Thresh JM (2002) The viruses and virus diseases of cassava. Em A. C. Bellotti, R. J. Hillocks, & J. M. Thresh (Eds.), *Cassava: Biology, production and utilization*, pp. 237-260. Wallingford, Reino Unido: CABI.

Carrillo-Tripp J, Lozoya-Gloria E, Rivera-Bustamante RF (2007) Remissão de sintomas e resistência específica de plantas de pimento após infeção pelo *Pepper golden mosaic virus*. *Fitopatologia* 97:51-59.

Chellappan P, Vanitharani R, Fauquet CM (2004) A acumulação de ARN de interferência curta está correlacionada com a recuperação do hospedeiro em hospedeiros infectados com vírus de ADN e o silenciamento de genes visa sequências virais específicas. *Journal of Virology* 78:7465-7477.

Dinsdale A, Cook L, Riginos C, Buckley YM, De Barro P (2010) Refined global analysis of *Bemisia tabaci* (Hemiptera: Sternorrhyncha: Aleyrodoidea: Aleyrodidae) mitochondrial cytochrome oxidase I to identify species level genetic boundaries. *Annals of the Entomological Society of America,* 103: 196-208.

Dixon AGO, Akoroda MO, Okechukwu RU, Ogbe F, Ilona P, Sanni LO, Lemchi J, Ssemakula G, Yomeni MO, Okoro E, Tarawali G (2008) Fast track selection approach to release of elite genotypes of cassava for various uses in Nigeria's cassava economy. *Euphytica*, 160: 1-13.

Edison S (2001) Present situation and future potential of cassava in India (Situação atual e potencial futuro da mandioca na Índia). In: R.H. Howeler e S.L. Tan (Eds.). Cassava's Potential in Asia in the 21st Century: Present Situation and Future Research and Development Needs (Situação atual e necessidades futuras de investigação e desenvolvimento). *Proc. 6º Workshop Regional*, pp. 61-70.

Fokunang C N, Akem C M, Dixon A G O, Ikotun T (2000) Evaluation of a cassava germplasm collection for reaction to three major diseases and the effect on yield. *Genetic Resources and Crop Evolution*, 47:63-71.

Frontiers. (2022). Triagem fenotípica e caraterização molecular da resistência à doença do mosaico da mandioca no germoplasma de mandioca da Costa do Marfim. Fronteiras na ciência das plantas. Recuperado em 27 de junho de 2024, de https://www.frontiersin.org/articles/10.3389/fpls.2022.883921/full.

Gasura E, Mukasa SB (2010) Prevalência e implicações da recuperação da batata-doce da doença do vírus da batata-doce no Uganda. *Afr. Crop Sci. J.* 18:195-205.

Geoffrey S, Bald JC (1933) On the use of primary lesions in quantitative work with two plant viruses. *Ann. Appl. Biol.* 20:70-99.

Hahn SK, Isoba CJ, Ikotun T (1989) Resistance breeding in root and tuber crops at IITA, Ibadan, Nigeria. *Crop Protection,* 35: 147-168.

Hanley-Bowdoin, L., & Robertson, D. (2023). A análise transcriptômica comparativa revela mecanismos de defesa de Manihot esculenta Crantz contra o vírus do mosaico da mandioca do Sri Lanka. BMC Genomics, 24(1), 112

Hillocks RJ, Thresh JM (2000) Cassava mosaic and cassava brown streak viruses in Africa: a comparative guide to symptoms and etiologies. Roots, 7(1) : 1-8.

Islam, W., Noman, A., & Qasim, M. (2022). Doença do mosaico da mandioca e sua gestão no sudeste da Ásia. Biologia Molecular Vegetal, 110(2), 215-232. doi:10.1007/s11103-022-01152-1

Islam, W., Zubair, M., Ali, S., & Wang, L. (2023). Avanços na resistência à doença do mosaico da mandioca: Mechanisms and applications. Frontiers in Plant Science, 14, 1076543.

Kaweesi T (2014) Triagem de genótipos parentais de mandioca e gerou inbreds parciais para resistência à doença da raia castanha da mandioca no Uganda. Dissertação de mestrado, Universidade de Makerere, Kampala, Uganda

Legg JP, Abele S, Obiero H, Jeremiah S, Bigirimana S, Ntawuruhunga P (2005) The cassava mosaic virus disease pandemic and its impact on people's livelihoods in East and Central Africa, *Phytopathology*, 95: 129-130.

Legg JP, Lava Kumar P, Makeshkumar T, Leena Tripathi, Morag Ferguson, Edward Kanju, Pheneas Ntawuruhunga, Wilmer Cuellar (2015) Cassava Virus Diseases: Biologia, Epidemiologia e Gestão. *Avanços na Investigação sobre Vírus*, 84-132.

Liu, S., Fanou, A. A., Legg, J. P., & Wang, Z. (2023). Análise abrangente da diversidade do vírus do mosaico da mandioca em África e suas implicações para a gestão da doença. Plant Pathology Journal, 39(2), 184-195. https://doi.org/10.5423/PPJ.OA.06.2022.0070

Mansoor M, Briddon RW, Zafar Y, Stanley J (2003) Geminivirus disease complexes: an emerging threat. *Trends in Plant Science*, 8: 128-134.

Maruthi MN, Colvin J, Seal SE (2001) Mating incompatibility, life-history traits and RAPD-PCR variation in *Bemisia tabaci* associated with the cassava mosaic disease pandemic in East Africa. *Entomolgia Experimentalis et Applicata* 99: 13-23.

Moffat A (1999) Geminivirus emerge como uma séria ameaça para as culturas. *Science* 286: 1835.

Morante N, Sánchez T, Ceballos H, Calle F, Pérez JC, Egesi C (2010) Tolerância à deterioração fisiológica pós-colheita em raízes de mandioca. *Crop Science*, 50: 1333-1338.

Patil BL, Legg JP, Kanju E, Fauquet CM (2015) Cassava brown streak disease. Uma ameaça à segurança alimentar em África. *J. Gen Virol*, 96: 956-968.

Patil, B. L., & Fauquet, C. M. (2023). Doença do mosaico da mandioca no Sul e Sudeste Asiático: Situação atual e perspectivas. Frontiers in Microbiology, 14, 678905.

Raji Nair, Subash N, Ravi V, Saravanan R, Mohanan C, Makeshkumar T, Nita S (2016) Deteção e classificação da doença do vírus do mosaico em plantas de mandioca por deteção proximal do índice de reflectância fotoquímica. *J Indian Soc Remote Sens*. doi: 10.1007/s12524-016-0565-6.

Saunders K, Salim N, Mali VR, Malathi VG, Briddon SR, Markham PG (2002) Characterisation of *Sri Lankan cassava mosaic virus* and *Indian cassava mosaic virus*: Evidência da aquisição de um componente B do ADN por um begomovírus monopartido. *Virologia,* 293:63-74.

Scott SW, MacFarlane SA, McGavin WJ, Fargette D (2014) *O vírus baciliforme da Costa do Marfim da mandioca* é um membro do género *Anulavirus. Arquivos de Virologia*, 159: 2791-2793.

Tran, V. C., & Uke, A. (2023). Doença do mosaico da mandioca e sua gestão no sudeste da Ásia. Plant Molecular Biology, 111(3), 375-390.

MIX
Papier aus verantwortungsvollen Quellen
Paper from responsible sources
FSC® C105338

FSC
www.fsc.org

Printed by Books on Demand GmbH, Norderstedt / Germany